なるほど！毎日の役立つ数学

数学

近藤宏樹
国際数学オリンピック3年連続メダリスト
Hiroki Kondo

さくら舎

JN064785

数学って、何の役に立つんですか？

　数学が苦手で勉強する気がなかなか起きない、あるいは起きなかった人が一度は抱く疑問ではないでしょうか。現代の情報化社会やさまざまな科学技術を根底で支えているのが数学であると言われれば、たしかにそうかもしれない。ただ、技術革新に関わるのはごく一部の人だし、数学が役に立っている世界はどこか自分の生活とは遠くにある……そんな風に感じてしまっても無理はないように思います。

　一方で、身の回りにも数字や計算はあふれています。買い物に行けば物の値段や割引、栄養価の表示などを目にしますし、ニュースを見れば今日の気温や経済的な指数の動き、スポーツの試合の点数など、挙げればきりがありません。ところが、こうした数字をどのように見たらいいのか、そこから何が言えるのか、といったことを考える機会は案外少ないのかもしれません。

　本書の目的の１つは、普段の暮らしの中で見かけるさまざまな数字の見方を紹介することです。天気予報で見かける降水確率30％って、どういう意味なのだろう？　とか、平均寿命って誰の寿命の平均なのだろう？というように、数字自体は見慣れているけれど、意外と知らない正確な意味や新たな見方を知ることができるようなテーマを用意しました。

　また、数学的な考え方は意外なところで活きてくることもあります。地図をきれいに塗り分ける方法や、物の値段の決まり方、理想のパートナーを見つけるには……といった、学校で習う数学からは少し想像しにくい題材と数学の関わりについても紹介しています。

本書は、どこかのタイミングで数学が苦手になってしまった人を主な読者として想定しています。興味のあるところから読み進めてもらえるよう、数学の内容としてはテーマごとに完結している箇所がほとんどです。中学校の数学くらいまでの知識があれば読めるように配慮しているつもりですが、一方で前述の「遠い世界」の紹介にとどまらないよう、数学的な内容については極力省略せず、またできるだけ具体的な計算や数値の例を入れるようにしました。興味を持った部分については、紙とペンを用意してこうした計算を追ってみると面白いと思います。一方で、難しいなと感じたところは読み飛ばしてしまっても、その先を読むのにはあまり影響はありません。

　筆者自身は幼少期より数学に魅力を感じ、大学では純粋数学を勉強し、その後は企業で実社会のデータへの数学の応用に携わり、現在は数学を教えることを仕事としている……と、色々な形で数学と関わってきました。数学はさまざまな側面を持った学問です。学校ではあまり数学の勉強に馴染めなかった人にも、少しでも数学的な考え方の面白さを感じ取ってもらえたり、自分の生活にも数学が役に立つかも？　なんて思ってもらえたら、これに勝る喜びはありません。

　最後に、本書を執筆する機会を与えてくださった株式会社さくら舎の戸塚健二さん、そして編集に携わった方々に心から感謝します。また、普段の数学的活動を公私にわたり支えてくださっている全ての方に、この場を借りて感謝申し上げます。

2020 年 8 月

近藤宏樹

第 4 章
ちょっと不思議な組合せの話

第 5 章
とっても便利な基本計算の話

確率って面白い!

★降水確率 30%って、雨は降るの？
　洗濯物は取り込んだほうがいい？

★宝くじってどれくらいの確率で当たるの？

★検査で陽性って診断されたけど、
　本当に病気にかかってる？

★保険のしくみ！　結局、
　保険には入っておいたほうがいい？

★ 40人クラスで同じ誕生日の人がいる
　驚きの確率！

天気予報の降水確率 30%って雨は降るの？ 降らないの？

サイコロを例にとって考えてみる

「確率」という言葉は日常生活でも耳にすることが多いでしょう。天気予報を見れば降水確率が出てきますし、宝くじの当選確率、また手術の成功確率……と色々な場面で使われています。しかしながら、確率の意味についてきちんと説明できる人は、意外と少ないのではないでしょうか。私も幼少の頃、降水確率は雨の強さや量を表していると誤解しており、「降水確率が 10%なのに大雨が降った、これはなぜだろう？」というような疑問を持っていたものです。

　確率の数値が何を意味しているか、まずは数学の授業でもよく登場するサイコロを例にとって考えてみましょう。

　まずはサイコロを 1 回振ってみます。このとき何の目が出るかは当然ながら振ってみるまで分かりません。例えば 1 の目が出たとします。次にもう 1 回振ってみましょう。やはり出る目が事前に分かるわけではありません。今度は 5 の目が出るかもしれないし、前回に続いて 1 の目が出ることももちろんあります。

　ところが、サイコロを振り続けて 10 回、20 回と回数を重ねていくと、だんだんと法則性が見えてきます。試しに、サイコロを 60 回振って出た目の回数をまとめると例えば次のようになります。

目	1	2	3	4	5	6	計
出た回数	7	9	13	10	13	8	60
割合	11.7%	15.0%	21.7%	16.7%	21.7%	13.3%	100%

もちろん、この表は 60 回振る「実験」を行うたびに変わります。時間に余裕があれば、同じように実験をして回数を記録してみてください。

60000 回サイコロを振ってみると……

さて、左の表を眺めてみると、1 から 6 までの目がおよそ均等に現れていることが見てとれます。それもそのはず、サイコロの作りや振り方に偏りがなければ、ある目が他の目より出やすい、ということは考えにくいからです。ただし、左の表でも 3 の目や 5 の目が 13 回出ている一方で 1 の目は 7 回しか出ていないように、完全に均等、すなわち全ての目が 10 回ずつ出るとは限らないことに注意しましょう。

この実験をさらに続けてみます。60000 回振ってみると、結果は次のようになりました（もちろん、本物のサイコロを振るのは大変なので、コンピュータを用いて疑似的に実験をしています）。

目	1	2	3	4	5	6	計
出た回数	10071	9875	9977	9970	10115	9992	60000
割合	16.8%	16.5%	16.6%	16.6%	16.9%	16.7%	100%

「割合」の行を比較すると分かりやすいと思いますが、60 回のときと比べてより均等に近い出方になっているのが分かります（完全に均等だと、割合は $\frac{1}{6} \fallingdotseq 16.7\%$ となります）。

このように、1 回や 2 回ではまったく何が出るか分からないことでも、同じ条件で多くの回数繰り返すと出る割合は一定の数値に近づいていくことが知られています。この一定の割合のことを**確率**と呼びます。サイコロの例だと、1 の目、2 の目、……、6 の目が出る確率はそれぞれ $\frac{1}{6}$ である、ということになります。

同じ気象条件の日が10日あったら……

　改めて降水確率について考えてみましょう。例えば、明日の降水確率が30%だったとして、この30%とは何を意味しているのでしょうか。

　サイコロの場合と違って、「明日」は一度しかありませんから、多くの回数繰り返して実験するというのは意味を持ちません。これは、「同じ気象状況が何回もあったとしたら、そのうち雨が降る日の割合が約30%ある」というように考えられます。

　サイコロの場合と同様、降水確率30%の予報が10日間あったとして、そのうちちょうど3日間雨が降るわけではありませんが、観察する日数が増えればおよそ10回に3回の割合で雨が降ると考えておけばよいでしょう。

　ちなみに、天気予報の的中率が話題になることがありますが、以上のように考えてみると、「降水確率」という予報の形態をとっている時点で、天気予報が100%当たることはないということが分かります。

　なぜなら、例えば降水確率が70%のときは「雨が降る」という予報になりますが、これは10回に3回は外れるという計算になるからです。

　降水確率50%のときに至っては、降るか降らないかは五分と五分と言っているのです。100%的中する天気予報が仮に可能になったならば、降水確率は0%（降らない）と100%（降る）の2択しかありえません。

　天気に限らず、未来のことを完全に予測するというのは難しいものです。確率の概念を使って、分からない未来とうまく付き合っていきたいですね。

降水確率 30％。洗濯物は取り込んだ ほうがいい？ 取り込まないほうがいい？

「洗濯物を取り込む」のにかかる時間

　降水確率 30％という天気予報が何を意味している のかについては、すでに紹介しました（→ 10 ページ）。

　ここでは、その予報を見たときの行動について考え てみましょう。たまった洗濯物を干して出かけようとしたとき、ふと気に なって天気予報を見ると、今日の降水確率は 30％とのこと。洗濯物を取 り込んでから室内に干してから出かけると、少し余計な手間がかかります が、雨が降ったときには安心です。

　一方で、洗濯物を干したまま出かけると、現時点での手間はかかりませ んが、雨が降ってしまうと洗濯のやり直しになり大きく手間がかかります。

　こんなとき、自分の勘にかけてどちらの行動を選択するか決めることも できますが、勘が外れたときには残念な思いをしてしまいます。そこで、 確率を使って次のように考えてみましょう。

　降水確率 30％ということは、10 日同じような状況があったとき、おお よそ 3 回雨が降る、ということでした。そこで、「洗濯物を取り込む」「洗 濯物を干したままにする」のそれぞれを選んだとき、余計にかかる平均的 な時間を調べてみましょう。

　仮に、起こりうるそれぞれの場合でかかる時間が次の表のとおりであっ たとします。

	雨が降ったとき	雨が降らなかったとき
洗濯物を取り込む	20 分	20 分
洗濯物を取り込まない	60 分	0 分

　洗濯物を取り込んでおけば、雨が降っても降らなくても一律で 20 分か

かりますが、取り込まない場合は雨が降ったときに限り、洗濯をし直す分だけ60分余計にかかる、というわけです。

　では、10日同じ状況があったとして、それぞれの選択肢を選んだときの時間の平均を計算してみましょう。

日	1	2	3	4	5	6	7	8	9	10	合計	平均 ($\frac{合計}{10}$)
雨が降ったか	×	○	×	×	○	×	×	×	○	×		
取り込む(分)	20	20	20	20	20	20	20	20	20	20	200	20
取り込まない(分)	0	60	0	0	60	0	0	0	60	0	180	18

　上の表のとおり、平均的には洗濯物を取り込まないほうが時間が短くなりました。1回ずつで見ればどちらの選択がよかったかは実際の天気次第ですが、長い目で見れば平均的な時間が短いほうが効率がよいと言えそうです。

期待値の求め方

　ここで考えた、「長い目で見たときの平均的な時間」のことを**期待値**と呼びます。今の例ではかかる時間を取り上げましたが、他にも金額のように、数値化できるものであれば同じように計算することができます。

　上では表を使って求めましたが、期待値は確率の数値を用いて次のような数式で求めることができます。

期待値 = 数値1 × 数値1になる確率 ＋ 数値2 × 数値2になる確率 ＋…

　ただし、上記の…では起こりうる場合を全て考慮して足し合わせます。

　上記の例だと、雨が降る確率は30%、雨が降らない確率は70%（確率はすべて合計すると100%になるので、100%－30%＝70%と求まります）ですから、洗濯物を取り込むときにかかる時間の期待値は、

$$20 \times 30\% + 20 \times 70\% = 20 \times 0.3 + 20 \times 0.7 = 20 \,分、$$
洗濯物を取り込まないときにかかる時間の期待値は、
$$60 \times 30\% + 0 \times 70\% = 60 \times 0.3 + 0 \times 0.7 = 18 \,分$$
となり、先ほどの結果と一致します。

　さて、先ほどの例では降水確率が 30% でしたが、降水確率が他の数値の場合はどうなるでしょうか。下表に期待値の計算結果を示しておきますので、計算練習として数値が合っているか確かめてみてください。

降水確率(%)	0	10	20	30	40	50	60	70	80	90	100
取り込む場合の期待値(分)	20	20	20	20	20	20	20	20	20	20	20
取り込まない場合の期待値(分)	0	6	12	18	24	30	36	42	48	54	60

　この結果から、降水確率が 40% 以上のときは洗濯物を取り込んで出かけたほうがよさそう、ということが分かります。かかる時間が変わったらどう結果が変わるかも、ぜひ計算してみてください。
　もちろんこれは、あくまで平均的な時間を判断基準としたときの話ですが、期待値を使って判断することで、一回一回の天気に一喜一憂しなくて済む……かもしれません。

一番優秀な人を採用するには？

1人だけを採用するアルバイト面接

　あなたはあるお店の店長をしています。お店が忙しくなってきたので、アルバイトが1人だけ必要になったのですが、募集した結果、3人の応募がありました。順番に面接することにしたのですが、面接の結果、採用するかどうかは即決定しなければならず、一度不採用にした人はもう採用できないとします。この状況で、一番優秀な人を採用するにはどうすればよいでしょうか？

　こんな問題にも、確率の考え方を使うことができます。ここでは、一番優秀な人を採用できる確率が最も高くなるためには何人目を採用すればよいか？　という問題だと考えることにします。もし、全員を面接できたとしたら、3人はAさん、Bさん、Cさんの順に優秀であることが分かるとしましょう。実際に面接に来る順番は、次のように6通りが考えられま

	面接の順番
①	A→B→C
②	A→C→B
③	B→A→C
④	B→C→A
⑤	C→A→B
⑥	C→B→A

す。

　なかなか決められずに全員と面接をした場合、Aさんを採用できるのは最後に来たのがAさんであるとき、つまり④と⑥の場合のみですから確率は $\frac{1}{3}$ です。これよりうまい方法はないでしょうか？

いっそのこと最初の人を必ず採用することにしてはどうでしょうか。今度は、Ａさんを採用できるのは最初に来たのがＡさんであるとき、つまり①と②の場合のみですから確率はやはり $\frac{1}{3}$ です。

間をとって、１人目は必ず不採用とし、１人目よりよい人が来た時点で採用する、としてはどうでしょうか。この戦略で実際に採用される人は次のようになります（１人目よりよい人が来なかった場合は、最後に来た人

	面接の順番 （１番目は無条件で不採用）	採用される人
①	A → B → C	C
②	A → C → B	B
③	B → A → C	A
④	B → C → A	A
⑤	C → A → B	A
⑥	C → B → A	B

を採用することにします）。

例えば③の場合では、Ｂさんを不採用にした後、Ｂさんより良いＡさんが来たのでＡさんが採用されますし、⑥の場合では、Ｃさんを不採用にした後、Ｃさんより良いＢさんが来たのでＢさんが採用されます。

結果的にＡさんが採用されるのは③④⑤の３つの場合ですから、確率は $\frac{3}{6} = \frac{1}{2}$ となり、他の戦略より高い確率となりました。この戦略が最もよさそうですね。

10 人が応募してきた場合

３人の場合は「１人目は様子を見る」という戦略が最適でしたが、応募人数がもっと増えた場合はどうなるでしょうか。今度は、10 人が応募してきた場合を考えてみることにします。面接の順番を全通り（10 × 9 × 8 × … × 1 = 3628800 通り！）考えるのは大変ですから、工夫して確率

を計算してみましょう。

　先ほどと同様、応募した人を優秀な順に A さん、B さん、C さん、D さん、E さん、F さん、G さん、H さん、I さん、J さんとしておきます。

　戦略としては、3 人の場合と同様に、「最初の何人かは無条件で不採用にし、それよりよい人が来た時点で採用する」という戦略がよさそうです。試しに、無条件で不採用にする人数を 7 人にしてみましょう（だいぶ決断が遅めのケースですね）。このとき、A さんを採用できるのはどんな場合でしょうか。

　まず、A さんが最初の 7 人の中にいては無条件で不採用になってしまいますから、残りの 3 人のどこかにいることになります。

　A さんが 8 番目に来た場合、無条件で採用されます。A さんが 8 番目に来る確率は $\frac{1}{10}$（1 番目から 10 番目までに来る確率は全て等しいので）ですから、この場合の確率は $\frac{1}{10}$ です。

　A さんが 9 番目に来た場合を考えましょう。

順番	1	2	3	4	5	6	7	8	9	10
来た人	○	○	○	○	○	○	○	○	A	

　○印を付けた 8 人のうち一番優秀な人が 8 番目にいると、その人が採用されてしまい、A さんの出番はなくなってしまいます。そうではない確率は、8 人のうち一番優秀な人が 1 ～ 7 番目のどこかにいる確率ですから、$\frac{7}{8}$ です。A さんが 9 番目に来る確率は先ほどと同じ $\frac{1}{10}$ ですから、この場合の確率は $\frac{1}{10} \times \frac{7}{8}$ となります。

　A さんが 10 番目に来た場合を同様に考えてみます。

順番	1	2	3	4	5	6	7	8	9	10
来た人	○	○	○	○	○	○	○	○	○	A

　今度は、○印を付けた 9 人のうち一番優秀な人は 1 ～ 7 番目のどこかにいなければなりません。A さんが 10 番目に来る確率と合わせて、この場

合の確率は $\frac{1}{10} \times \frac{7}{9}$ となります。

　以上を合わせて、Aさんが採用される確率は

$$\frac{1}{10} + \frac{1}{10} \times \frac{7}{8} + \frac{1}{10} \times \frac{7}{9} = \frac{191}{720} ≒ 26.5\%$$

となります。

　まったく同様に考えると、無条件で不採用にする人数が k 人の場合の確率は、

$$\frac{1}{10} + \frac{1}{10} \times \frac{k}{k+1} + \frac{1}{10} \times \frac{k}{k+2} + \cdots + \frac{1}{10} \times \frac{k}{9}$$

と計算できます。実際に計算してみると次のようになります。

k	0	1	2	3	4
確率	10.0%	28.3%	36.6%	39.9%	39.8%

k	5	6	7	8	9
確率	37.3%	32.7%	26.5%	18.9%	10.0%

　上の表から、最初の3人を不採用にした場合が最も高い確率39.9%で最も優秀な人を採用できることが分かりました。

　もっと人数が増えた場合でも、同様に最適な戦略を求めることができます。n 人が応募してきたとき、n が大きい場合には無条件で不採用にする人数はおおよそ全体の37％くらいにするのがよく、その場合に最も優秀な人を採用できる確率はこれも37％くらいになることが知られています。

　実はこの37％という数値は自然対数の底と呼ばれる有名な定数 e = 2.718…（→ 92ページ）の逆数となっています。また、人数がいくら増えても最も優秀な人を採用できる確率があまり変わらないということも、少し意外な結果なのではないでしょうか。

宝くじを買うのは得？　損？

年末ジャンボ宝くじの期待値

　ここでは、前に導入した期待値を使って宝くじについて考えてみましょう。宝くじ公式サイトによると、2017年に行われた第731回全国自治宝くじ（年末ジャンボ宝くじ）の当選金と本数は次のとおりです。ここで、本数は5億本中の当選本数なので、$\frac{当選本数}{5億}$ を計算することで当選確率を計算することができます。

等級	当選金（円）	本数	確率
1等	700,000,000	25	0.000005％
1等の前後賞	150,000,000	50	0.00001％
1等の組違い賞	300,000	4,975	0.000995％
2等	10,000,000	500	0.0001％
3等	1,000,000	5,000	0.001％
4等	100,000	35,000	0.007％
5等	10,000	500,000	0.1％
6等	3,000	5,000,000	1％
7等	300	50,000,000	10％

　さて、期待値は値×確率を足し合わせることで得られますから、この宝くじの当選金の期待値を求めるには当選金×確率を計算して全て足し合わせればよいということになります。

等級	当選金（円）	確率	当選金×確率
1 等	700,000,000	0.000005％	35
1 等の前後賞	150,000,000	0.00001％	15
1 等の組違い賞	300,000	0.000995％	3
2 等	10,000,000	0.0001％	10
3 等	1,000,000	0.001％	10
4 等	100,000	0.007％	7
5 等	10,000	0.1％	10
6 等	3,000	1％	30
7 等	300	10％	30

上の表の一番右の列を合計することで、

35 ＋ 15 ＋ 3 ＋ 10 ＋ 10 ＋ 7 ＋ 10 ＋ 30 ＋ 30 ＝ 150 円

が当選金の期待値となります。

ところで、この宝くじの販売価格は 300 円ですから、当選金は宝くじの購入にかかる費用の 50％ほどです。言い換えれば、期待値で見ると、300 円で購入した宝くじからは約 150 円の当選金が戻ってくるということができます。

これだけを見ると、「宝くじを買うと損をする」ということかな？　と思うかもしれません。実は損をするものなのに、期待値を知らないから買ってしまっているだけなのでしょうか？

期待値が全てではない!?

この疑問をすっきりさせるために、期待値の意味をもう一度思い出してみましょう。期待値とは「長い目で見たときの平均的な値」のことでした（→ 12 ページ）。つまり、同じ試行を何度も繰り返したときに、それらを平均するとだいたい期待値になる、ということです。

同じ試行を繰り返す、というのは今回の場合、宝くじを毎日買う、ある

いは大量に宝くじを買う、ということに相当します。極端な話ですが、前ページの表にある5億本の宝くじを全部買ったならば、各等級の本数も表のとおりになるわけですから、当選金は期待値どおりに平均約150円になって当然購入金額の半額分だけ損失が出ます。

　しかし、現実的にはそんなに大量に宝くじを買うことはありませんから、期待値のとおりになるかどうかは「分からない」というのが現実的な結論となります。つまり、期待値で見ると損であるからといって、1回試行をする（＝宝くじを買う）ことが損であるということには必ずしもならないわけです。

▌リスクとリターン

　もう少し単純な例で見てみましょう。あなたは次のようなゲームをすることになりました。

- 袋の中に1000個の球が入っていて、そのうち1個は赤、残りの999個は白であることが分かっています。そのうち袋の中を見ないで1個だけ球を取り出します。
- あらかじめ、次のルールのうちどちらかを選びます。
- **(a)** 赤が出たら10万円もらえるが、白が出たら200円払わなければいけない。
- **(b)** 白が出たら200円もらえるが、赤が出たら10万円払わなければいけない。
- ゲームは一度しかできませんし、棄権はできないものとします。

　このゲームで、（a）と（b）どちらを選べばよいでしょうか？

　赤が出る確率は $\frac{1}{1000}$、白が出る確率は $\frac{999}{1000}$ ですから、これを期待値で考えると、もらえる金額（払う場合はマイナスと考えます）の期待値は、

$$\text{(a) } 100{,}000 \times \frac{1}{1000} + (-200) \times \frac{999}{1000} = -99.8 \text{ 円}$$

$$\text{(b) } (-100{,}000) \times \frac{1}{1000} + 200 \times \frac{999}{1000} = 99.8 \text{ 円}$$

となり、(b) のほうが得であるという結果になりそうです。

　ただ、実際はどうでしょうか。もちろん人によって意見は異なると思い
ますが、(b) のルールでは万が一(実際には千に一つですが)赤を引い
てしまったときに 10 万円も取られてしまうのに、得られるものは 200
円しかありません。(a) のルールでは 200 円払うことで、もしかしたら
10 万円もらえるかもしれない、と考えると (b) のほうがよいとは必ず
しも言えないことが納得できるのではないでしょうか。

合理的に選んだつもりでも……？ 確率の落とし穴

2つの選択肢、どちらを選びますか？

　宝くじの話（→18ページ）では、確率が関係する問題で選択肢が与えられたとき、期待値は一つの判断基準になるものの、同じ試行を多数繰り返す状況でなければ期待値が低い選択肢を選ぶこともありうる、ということを紹介しました。

　ここでは、次のような状況を考えてみましょう。それぞれの質問で、どちらを選ぶか考えてみてください。

> 2つの選択肢のうち、どちらを選びますか？
> **(1)** 80％の確率で4万円手に入るが、20％の確率で何も手に入らない。
> **(2)** 確実に3万円手に入る。

> 2つの選択肢のうち、どちらを選びますか？
> **(1)** 80％の確率で4万円失うが、20％の確率で何も失わない。
> **(2)** 確実に3万円失う。

　さて、いかがでしょうか。もちろん正解があるわけではありませんので、どちらの選択肢を選んだ人もいると思いますが、類似の条件での実験では、1つ目の質問では（2）を、2つ目の質問では（1）を選ぶ人が大半であるという結果が出ているそうです。

　試しに、期待値で見るとどちらがより有利であるかを見てみましょう。1つ目の質問では、

(1) 40,000 × 80％＋ 0 × 20％＝ 32,000 円

(2) 30,000 × 100％＝ 30,000 円

より（1）のほうが有利であり、2つ目の質問では

(1) － 40,000 × 80％＋ 0 × 20％＝－ 32,000 円

(2) － 30,000 × 100％＝－ 30,000 円

より（2）のほうが有利である、ということになります。アンケート結果とは逆になりました。

　この場合の結果を見ると、人が不確実性のある選択肢を目にしたときに、

- 得をする場面では、より確実な選択肢を選ぼうとする一方、
- 損をする場面では、より不確実性の高い選択肢を選ぼうとする

傾向があるのではないか、という観察ができます。

　このように、確率を伴う選択肢があったときにどのように意思決定をするかを記述することは、経済学の1つの問題として近年さまざまな研究がなされていますが、ここでは、上記のような「必ずしも期待値の高い方を選択するわけではない」こと、「得をする場面と損をする場面で対称的な行動をするとは限らない」ことを組み合わせると、少し不思議なことが起こることを見ておきましょう。

不合理な行動

まずは次の質問を考えてみましょう。

2つの選択肢のうち、どちらを選びますか？

(A) サイコロを振って1が出ると3万円手に入るが、それ以外は10万円失う。

(B) サイコロを振って1が出ると2万円手に入るが、それ以外は11万円失う。

そして、新たに次の2つの質問を考えます。

> 2つの選択肢のうち、どちらを選びますか？
> **(C)** サイコロを振って1が出ると13万円手に入るが、それ以外
> 　　は何も手に入らない。
> **(D)** 確実に2万円手に入る。

> 2つの選択肢のうち、どちらを選びますか？
> **(E)** サイコロを振って1が出ると何も失わないが、それ以外は
> 　　13万円失う。
> **(F)** 確実に10万円失う。

　最初の質問でBを選ぶ人はいないと思います。なぜなら、どちらに転んでもAよりBの方が利益が大きい（損失が小さい）からです。

　次の2つの質問では、どちらを選ぶ人かは個々人の不確実性の捉え方によりますが、先ほどのような「得のときはより確実な方、損のときはより不確実性の高い方」を選ぶと仮定すると、2つ目の質問ではDを、3つ目の質問ではEを選ぶ人が多いと想定できます。

　ここで、2つ目の質問と3つ目の質問をセットにして考えてみましょう。すると、「DとE」を選んだ人は、次のような選択肢を選んだことになります。

(D) 確実に2万円手に入る。
(E) サイコロを振って1が出ると何も失わないが、それ以外は13万円失う。

　これを合わせると、
(D&E) サイコロを振って1が出ると2万円手に入るが、それ以外は11万円失う。

というのと同じです。一方で、真逆の選択肢「CとF」を選んだ人は、

(C) サイコロを振って1が出ると13万円手に入るが、それ以外は何も手に入らない。

(F) 確実に10万円失う。

を合わせることになりますから、

(C&F) サイコロを振って1が出ると3万円手に入るが、それ以外は10万円失う。

というのと同じです。

　さて、もうお気づきでしょうか。

　実は、「D&E」はBと同じ、「C&F」はAと同じなのです。確実な利得を得ようとして、または損失をしない確率を最大限に追い求めようとして判断していった結果、いつの間にか必ず（他の選択肢より）損をする判断をしてしまっているのです。

　合理的な判断をしているつもりでも、ときには不合理な行動になってしまっていることがある、ということで、簡単な確率のモデルでもなかなか奥が深いことを感じ取っていただけたでしょうか。

検査で陽性と診断されたけれど、本当に病気にかかっている？

誤診の可能性1％の診断の意味

　新型コロナウイルス感染症や新型インフルエンザの流行が起こると、検査数や陽性と診断された人の数などが話題に上ります。普段の生活においても、健康診断や人間ドックに行くと、どうしても結果が気になるものです。特に、何かの項目で陽性や要精密検査といった結果が出ると、精密検査をする前でも不安になってしまいます。ここでは、陽性と診断されたときに、本当に病気にかかっているかを考えてみましょう。

　ある難病は1万人に1人の割合で罹患者がいます。この病気にかかっているかどうかの検査を受けたところ、陽性と診断されました。ただし、この検査は100％正しい結果が出るわけではなく、病気にかかっていないのに陽性と診断される確率が1％、病気にかかっているのに陰性と診断される確率が1％あるとします。このとき、陽性と診断された場合に実際に病気にかかっている確率はどのくらいになるのでしょうか？

　正しく診断される確率が99％なのですから、陽性であればほぼ間違いなく病気にかかっているのではないか、と考える方が多いかもしれません。実際に100万人が検査を受けたとして、陽性と診断される人がどのくらいいるか、そのうち病気にかかっている人がどのくらいいるか、計算してみましょう。なお、ここでは話を簡単にするため、診断される人の割合は確率と等しいと仮定します。

　まず、病気にかかっている人は1万人に1人ですから、100万人のうちでは100人になります。病気にかかっていない人は残りの

$$1,000,000 - 100 = 999,900 人$$

です。

病気にかかっている	かかっていない	計
100	999,900	1,000,000

　次に、病気にかかっている 100 人の診断結果を考えると、誤って診断される、つまり陰性と診断されてしまう人は 1 ％ですから、1 人です。陽性と診断されるのは、残りの 99 人です。

　同様に、病気にかかっていない 999,900 人の診断結果を考えると、誤って診断される、つまり陽性（先ほどとは逆なことに注意しましょう）と診断されてしまう人は 1 ％ですから、

$$999,900 × 1\% = 9999 \text{ 人}$$

です。陰性と診断される人は、残りの

$$999,900 − 9,999 = 989,901 \text{ 人}$$

ですね。

　ここまでの結果を表にまとめてみましょう。

		本当に罹患しているか否か		
		病気にかかっている	かかっていない	計
診断結果	陽性	99	9,999	10,098
	陰性	1	989,901	989,902
	計	100	999,900	1,000,000

ベイズ推定の不思議

　さて、陽性と診断された人は、病気にかかっている 99 人とかかっていない 9,999 人の合計 10,098 人の誰かです。したがって、陽性と診断された人が、実際に病気にかかっている割合（確率）は、

$$\frac{99}{10,098} ≒ 0.98\%$$

となります。つまり、陽性と診断されても、実際に病気にかかっている確率は約 1 ％しかないのです。

なぜこのようなことが起こるのでしょうか。これは、そもそも病気にかかっている人の割合が $\frac{1}{10,000}$ と非常に小さいため、病気にかかっている人よりも、病気にかかっていないが誤って陽性と診断されてしまう人のほうが多くなってしまうことが原因です。

　では、陽性でもこんなに低い確率でしか病気でないということは、この検査の意味はないのでしょうか？　検査を受ける前は、病気にかかっている人が１万人に１人の割合であることしか分かっていませんから、自分が病気にかかっている確率も $\frac{1}{10,000}$ ＝ 0.01％であると考えられます。

　これが検査後には 0.98％まで上がっているので、検査をすることによって、検査前と比べると病気にかかっている可能性が高くなったということができます。このように、新たに情報を得ることによって確率が変わってくるという考え方をベイズ推定といいます。

　なお、前ページの例の場合、陰性であったにもかかわらず病気にかかっている確率は

$$\frac{1}{989,902} \fallingdotseq 0.0001\%$$

と、極めて低い数値になります。実際には、陽性であった場合にはより精密な検査で病気かどうかを確定することになる一方、陰性であった場合にはその後、病気を発見することは難しいと考えられますから、「誤った陰性」を減らすために、「誤った陽性」がある程度の割合（といっても、この例だと99％と高いですが）発生してしまうのは仕方ない、ということを頭に入れておくと、検査結果を少し落ち着いて捉えることができるかもしれませんね。

気になる保険のしくみ① いつも払っている保険料、どうやって計算されているの？

受け取る保険金の期待値

「保険」と聞いて、何を思い浮かべますか？ 健康保険のような、基本的に全員が加入する公的保険はもちろんのこと、生命保険に加入したり、部屋を借りれば火災保険に入ることになったり、自動車を購入すれば自動車保険に入ることになったりと、大人になると何かと関わることになるのが保険です。

　ここでは、保険に加入するときに支払う保険料がどのようなしくみで決まっているかを紹介します。なお、保険料の計算原理はどの保険でも似ていますが、以下では自動車保険や火災保険のように、あらかじめ保険料を払い込み、事故があった際に保険金が支払われる保険（損害保険）を念頭に置くと分かりやすいでしょう。

　大ざっぱに言えば、保険料は次のような構成になっています：

（受け取る保険金の期待値）＋（保険会社の経費）

　このうち、後半の「保険会社の経費」については、保険会社の運営にかかる費用を各保険契約に割り振ったもので、保険の種類にもよりますが、保険料全体の何割かを占めています（一般社団法人日本損害保険協会発行「ファクトブック 2019 日本の損害保険」によれば、経費の保険料に対する割合を表す事業費率は 2018 年度で 32.5% となっています）。ここでは、簡単のため保険会社の経費は保険料全体の 50% であるとしておきましょう。このとき、保険料は、

（受け取る保険金の期待値）× 2

となっています。

　それでは、「受け取る保険金の期待値」はどのように計算されているのでしょうか。仮の例として、とある事故（自動車事故、災害、病気など）が契約から 1 年間に起きた場合に、定額で 100 万円を受け取ることがで

きる保険を考えてみましょう。事故が起きる確率をpとすると、保険金の期待値は

$p \times 100$万円

と計算できます。

　事故が起きる確率pはどのように求めたらよいでしょうか。サイコロで1が出る確率は$\frac{1}{6}$、52枚のトランプでハートのAが出る確率は$\frac{1}{52}$というように、可能性の等しいいくつかの選択肢（このことを、「同様に確からしい」と表現します）の中から1つが選ばれる場合はこれまでのように確率を計算することができますが、現実の事象ではこのように確率が計算できることはむしろ稀です。そうした場合には、過去の経験から確率を推定することになります。

　同じ保険について過去5年間の統計を取ったところ、次のような結果となったとしましょう。

年	1年前	2年前	3年前	4年前	5年前
保険契約者の数	10000	10000	10000	10000	10000
事故の数	21	16	18	16	14

　5年間の保険契約者数に対する事故数の割合を求めると、

$$\frac{21 + 16 + 18 + 16 + 14}{10000 + 10000 + 10000 + 10000 + 10000} ≒ 0.17\%$$

となります。これより、今後も同じような傾向が続くのであれば、1年間に事故が起きる確率pは0.17%ほどであろうと予測できます（ここでの予測の意味は正確にはもう少し説明が必要ですが、直感的に納得できれば十分です）。これより、保険金の期待値は

0.17%$\times 100$万円$= 1700$円、

したがって保険料は

$1700 \times 2 = 3400$円

と計算できます。

保険料を決めるさまざまな要素

保険料の計算には、実際はより多くの要素が考慮されています。例えば、同じ事故に関する保険であっても保険料が異なる場合があります。

生命保険や医療保険で年齢によって保険料が違っていたり、自動車保険で長年事故を起こしていないと保険料が安くなったりする経験があるかもしれません。

これは、年齢によって、あるいはこれまでの個人の事故歴によって、事故が起きる確率が異なると考えられているからです。

また、過去の統計から事故の確率を推定する際にも、ただ過去の割合を求めるだけでは適切でないことがあります。

先ほどの計算では5年間平均した割合を求めましたが、1年前の事故数21件は他の年に比べて多くなっており、もしこの増加傾向が今後も続くのであれば、事故の確率 p は先ほど求めた0.17%より多くなると予測されます。

実際の保険料算出では、過去の統計を多角的に分析した上で、今後の傾向を可能な限り正確に予測するための工夫がされています。

気になる保険のしくみ②
結局、保険には入るべき？

保険の制度が成り立っているしくみ

　引き続き、保険のしくみについて考えてみます。①では保険料がどのように算出されているかについて紹介しましたが、多くの人にとって興味があるのは「結局どんな保険に入ればよいの？」ということでしょう。

　保険商品にはそれぞれに特徴があり、具体的にどれがよいという唯一の答を出すことはもちろんできませんが、ここまでで学んだ確率を用いて考察してみることにしましょう。

　その前に、保険の制度が成り立っているしくみを改めて整理してみます。保険会社は契約者から保険料を受け取り、事故があった契約者に対してあらかじめ決められた保険金を支払います。

　保険料が保険金の期待値と保険会社の経費を合わせたものとして計算されていることは前編で紹介しました。また、すでに紹介したように、期待値とは、同じ試行を多く繰り返したときの平均的な値のことでした（→ 12ページ）。ここで「同じ試行を繰り返す」ことには、たくさんの契約者が保険会社と契約していることに対応しています。

　①の例で考えてみましょう。この保険では、事故が起きると 100 万円の保険金を受け取ることができる代わりに、前もって 3,400 円の保険料を支払います。したがって、保険会社から見た収支（収入－支出）は、事故が起きた契約者に対しては

$$3,400 - 1,000,000 = -996,600 \text{ 円、}$$

事故が起きなかった契約者に対しては

$$3,400 - 0 = 3,400 \text{ 円}$$

となります。

　事故が起きる確率は、計算に用いた確率が正しいとすれば 0.17％でし

たから、保険会社から見た収支(収入－支出)の期待値は、

$$3,400 - 1,000,000 \times 0.17\% = 1,700 円$$

となります。

　事故が起きた契約者だけを見ると、保険会社にとって大きな赤字となっていますが、保険会社は多数の契約者と同様の保険契約を結んでいますから、平均的には1件あたりの収支は期待値である1,700円に近くなります。

　つまり、1,700円×契約件数だけの黒字が期待されることとなり、これによって保険会社の運営にかかる費用を賄うことができるというわけです。

契約者から見た収支(収入－支出)の期待値

　では、契約者の立場に移ってみましょう。契約者から見た収支(収入－支出)の期待値は、保険会社から見た場合において、収入と支出を逆にしたものですから、

$$1000000 \times 0.17\% - 3400 = -1700 円$$

となります(もちろん、保険金を受け取るときには事故が起こっているわけですから、その分の支出もあるはずですが、ここでは保険会社とのやり取りの収支のみを考えています)。

　この例に限らず、契約者にとって、保険に加入することは期待値で見ると必ずマイナスになります。しかし、だからといって「保険に加入することは損」というわけでは必ずしもありません。

　宝くじの例を使って考えたように(→18ページ)、同じ試行を多数繰り返すわけではない場合は、期待値のみを損得の基準とするのは必ずしも適当ではありません。保険はそもそも万が一の損失に備えて加入するわけですから、平均的な損得を考えても仕方がないと考えるべきでしょう。

　つまり、どのような保険に加入すべきかを検討する際に考えることは、「平均的には収支がマイナスになると分かっていても、万が一の事故の際の保険金を受け取る必要があるかどうか」だと考えられます。

　仮に、先ほどの例の代わりに、事故が起きると1万円の保険金を受け取ることができ、事故が起きる確率が17%であったとしたらどうなるでし

ょうか。この場合、保険金の期待値は 10,000 × 17% ＝ 1,700 円となって変化がありませんので、保険料は先ほどと同じ 3,400 円としましょう。すると、契約者から見た収支の期待値は

$$10,000 × 17\% - 3,400 ＝ - 1,700 円$$

となって変化がありませんが、一方で仮に保険に入らなかった場合でも事故が起きた場合の損害は 10,000 円に過ぎません（10,000 円が大きい金額かどうかではなく、保険料と比較した金額が重要です）。平均的に 1,700 円のマイナスになることを考えれば、10,000 円の損害を受け入れたほうがよいと考える人が多いのではないでしょうか。

　保険商品もさまざまな特徴があり一概に良し悪しを判断することはできませんが、自分あるいは家族にとって必要かどうか、以上のような視点で考えてみるのも一つの手かもしれません。

40人クラスに誕生日が 同じ人がいる驚きの確率!

「誕生日のパラドックス」

　何かの集まりでたまたま会った人と偶然誕生日が一致していた、なんていう経験はあるでしょうか。誕生日が均等に分布しているとすると、特定の人と自分の誕生日が一致している確率は（うるう年を考慮しなければ）$\frac{1}{365}$ ≒ 0.27%ですから、かなり低い確率だといえそうです。

　それでは、何人かの人が集まったときに、「誰か2人の誕生日が一致する確率」はどれくらいのものでしょうか。例えば学校のクラスが40人だったとして、同じ誕生日の2人がいる確率はどれくらいでしょうか？　実際に計算してみる前に、少し予想してみてください。結構低い確率になりそうだと感じた人が多いのではないでしょうか。

　それでは実際に計算してみましょう。ここでは、逆の事象、つまり「誕生日が誰も一致していない確率」を求めることにします。そのために、クラスメイトを1人ずつ順番に部屋に呼んできて、部屋の中で誕生日が一致しているペアがいない確率を考えてみることにしましょう。

　1人目が部屋に入った段階では、1人しかいないので当然誕生日の一致するペアはいません。

　2人目が来たとき、1人目と一致しなければペアはできませんから、その確率は $\frac{364}{365}$ です。

　3人目が来たとき、すでにいる2人と一致しなければペアはできませんから、その確率は $\frac{363}{365}$ です。

　4人目が来たとき以降も同様に考えると、40人全員が部屋に入った段階で誰もペアになっていない確率は、

$$\frac{364}{365} \times \frac{363}{365} \times \frac{362}{365} \times \cdots \times \frac{326}{365}$$

と計算できることが分かります（分子は 364 から 1 ずつ減っていっています）。これを 1 から引いたものが「誰か 2 人の誕生日が一致する確率」です。

計算方法が分かったところで、実際の確率の値を見てみましょう。「n 人いたとき、誰か 2 人の誕生日が一致する確率」は次のようになります。

人数	3	5	10	15	20	25	30	35	40	45	50
確率	0.82%	2.7%	12%	25%	41%	57%	71%	81%	89%	94%	97%

40 人いると、実に 89% の確率で誕生日が一致するペアがいることが分かります。ちなみに、確率 50% を超えるのは 23 人からです。

これは、多くの人の直感に反して高い確率になることから「誕生日のパラドックス」と呼ばれることがあります。意外と高い確率になるのは、自分と誕生日が一致するのではなく、誰か 2 人が一致すればよいというところがポイントです。

3回勝負、5回勝負……1回の 場合と勝つ確率に違いはある?

1回勝負で片方が勝つ確率が高い場合

2人で対戦を行う場合、1度きりの勝負ではなく、例えば3番勝負で先に2勝した方が勝ち、という方式をとることがあります。プロ野球日本選手権シリーズ（日本シリーズ）は7番勝負（4勝した方が勝ち）ですし、将棋や囲碁のタイトル戦でも7番勝負や5番勝負が採用されています。

実力が五分五分の場合、1回勝負でも番勝負でもどちらが勝つ確率も $\frac{1}{2}$ だというのは直感的に分かると思います。では、実力に差があり、1回勝負で片方が勝つ確率が高い場合、番勝負で勝つ確率はどうなるでしょうか。

AさんとBさんが勝負をするとし、1回勝負でAさんが勝つ確率が 60% $\left(=\frac{6}{10}\right)$、Bさんが勝つ確率が 40% $\left(=\frac{4}{10}\right)$ であったとします。3番勝負の場合、Aさんが勝つパターンは次のとおりです（普通は2回勝った時点で勝負は終わりますが、計算をしやすくするため最後まで勝負を行うこととします）。

○ ○ ○ … 確率 $\frac{6}{10}\times\frac{6}{10}\times\frac{6}{10}=\frac{216}{1000}$

○ ○ × … 確率 $\frac{6}{10}\times\frac{6}{10}\times\frac{4}{10}=\frac{144}{1000}$

○ × ○ … 確率 $\frac{6}{10}\times\frac{4}{10}\times\frac{6}{10}=\frac{144}{1000}$

× ○ ○ … 確率 $\frac{4}{10}\times\frac{6}{10}\times\frac{6}{10}=\frac{144}{1000}$

なお、上図で○はAさんの勝ち、×はBさんの勝ちを表しています。よって、Aさんが最終的に勝つ確率は、

$$\frac{216}{1000} + \frac{144}{1000} + \frac{144}{1000} + \frac{144}{1000} = \frac{648}{1000} = 64.8\%$$

となります。

1回勝負でAさんが勝つ確率 p を色々変えて試してみましょう。上と同様に計算すると、

・3勝（○○○）となる確率が $p \times p \times p$、
・2勝1敗（○○×、○×○、×○○）となる確率が
　$3 \times p \times p \times (1 - p)$
"$p \times p \times (1 - p)$ となるパターンが3通り"
なので、Aさんが最終的に勝つ確率は

$$p \times p \times p + 3 \times p \times p \times (1 - p)$$
$$= p^2 (p + 3 (1 - p)) = p^2 (3 - 2p)$$

と計算できます。

5番勝負の場合

同様に、5番勝負の場合は、
・5勝が1パターン（○○○○○）、
・4勝1敗が5パターン（○○○○×、○○○×○、○○×○○、○×○○○、×○○○○）
・3勝2敗が10パターン（○○○××、○○×○×、○○××○、○×○○×、○×○×○、○××○○、×○○○×、×○○×○、×○×○○、××○○○）
あることから、Aさんが最終的に勝つ確率は

$$p^5 + 5p^4 (1 - p) + 10p^3 (1 - p)^2 = p^3 (6p^2 - 15p + 10)$$

となり、7番勝負の場合は、

$$p^7 + 7p^6 (1 - p) + 21p^5 (1 - p)^2 + 35p^4 (1 - p)^3$$
$$= p^4 (- 20p^3 + 70p^2 - 84p + 35)$$

となります（詳細は省略するので、意欲のある方は確かめてみてください）。
　これをもとに、１回勝負で勝つ確率と番勝負で勝つ確率を表にすると次のようになります。

1回勝負	10%	20%	30%	40%	50%	60%	70%	80%	90%
3番勝負	2.8%	10%	22%	35%	50%	65%	78%	90%	97%
5番勝負	0.9%	6%	16%	32%	50%	68%	84%	94%	99.1%
7番勝負	0.3%	3%	13%	29%	50%	71%	87%	97%	99.7%

　これを見ると、１回勝負で勝つ確率が50%より大きければ、３番勝負、５番勝負、……と増やしていくにつれてより勝つ確率が高くなっていくことが分かります。
　もっと極端な例として、100本先取の勝負（199番勝負）を行うとすれば、１回勝負で勝つ確率が60%だとしても、先に100勝する確率は99.8%にもなります。勝負する回数を増やすにつれて、より実力を反映した結果になるといえそうですね。

ロイヤルストレートフラッシュはどのくらい奇跡的？ ポーカー＆宝くじで勝つ確率

ポーカーの色々な役の確率

ここでは、ギャンブルに関連する確率を紹介します。

ポーカーで、52枚のトランプから5枚引いて一番高い役であるロイヤルストレートフラッシュ（同じスートの10、J、Q、K、Aが揃う）ができる確率は、カードを1枚ずつ引いていくと考えることで次のように計算できます。

・1枚目は、いずれかのスートの10、J、Q、K、Aを引くので、$\frac{20}{52}$。

・2枚目は、1枚目でスートが決まるので、残り4枚のいずれかを引く確率で$\frac{4}{51}$。

・同様に、3枚目は$\frac{3}{50}$、4枚目は$\frac{2}{49}$、5枚目は$\frac{1}{48}$。

以上より、

$$\frac{20}{52} \times \frac{4}{51} \times \frac{3}{50} \times \frac{2}{49} \times \frac{1}{48} = \frac{1}{649740} \fallingdotseq 0.00015\%$$

が求める確率となります（カードを交換できる場合は、もう少し高くなります）。

1種類の数字aが3枚、別の種類の数字bが2枚でできるフルハウスという役であれば、

aaabbという順番で出る確率が

・1枚目は何を引いてもよいので$\frac{52}{52}$、

・2枚目は1枚目と同じ数字なので$\frac{3}{51}$、

・3枚目は2枚目と同じ数字なので$\frac{2}{50}$、

・4枚目は1〜3枚目と違う数字なので $\dfrac{48}{49}$、

・5枚目は4枚目と同じ数字なので $\dfrac{3}{48}$

より

$$\dfrac{52}{52} \times \dfrac{3}{51} \times \dfrac{2}{50} \times \dfrac{48}{49} \times \dfrac{3}{48}$$

であり、

aabab など他の順番で出ることも考えると、a3個、b2個の並べ替えは10通り(5番勝負の3勝2敗のパターン数[38ページ]と同じですね)あることから、結局フルハウスができる確率は

$$\dfrac{52}{52} \times \dfrac{3}{51} \times \dfrac{2}{50} \times \dfrac{48}{49} \times \dfrac{3}{48} \times 10 = \dfrac{6}{4165} \fallingdotseq 0.14\%$$

と計算できます。

同じような要領で色々な役の確率を計算すると、次のようになります。

役	確率
ロイヤルストレートフラッシュ	0.00015%
ストレートフラッシュ	0.0015%
フォーカード	0.024%
フルハウス	0.14%
フラッシュ	0.20%
ストレート	0.39%
スリーカード	2.1%
ツーペア	4.8%
ワンペア	42%

好きな数字を7つ選ぶ宝くじ

　次は宝くじについて考えます。組や番号が定められた通常の宝くじはすでに紹介した（→18ページ）ので、数字選択式の宝くじについて考えてみましょう。

　ここでは、1～37の数字から7個好きなものを選び、当選数字7個と一致している個数によって賞金が変わる宝くじを考えます。
　7個全てが一致する確率は、1個目は7個のうちいずれか、2個目は残り6個のうちいずれか、……と考えていくと、

$$\frac{7}{37} \times \frac{6}{36} \times \frac{5}{35} \times \frac{4}{34} \times \frac{3}{33} \times \frac{2}{32} \times \frac{1}{31} = \frac{1}{10295472}$$
$$\fallingdotseq 0.0000097\%$$

となり、およそ一千万分の1の確率となります。
　7個のうち6個が一致する確率であれば、数字7個の一致・不一致が○○○○○○×となっている確率を求めて、×の位置が7通りあることを考えれば、

$$\frac{7}{37} \times \frac{6}{36} \times \frac{5}{35} \times \frac{4}{34} \times \frac{3}{33} \times \frac{2}{32} \times \frac{30}{31} \times 7 = \frac{35}{1715912}$$
$$\fallingdotseq 0.0020\%$$

となります。これでおよそ5万分の1です。

　同じように計算すると、次のようになります。

一致する個数	確率
7個	0.0000097%
6個	0.0020%
5個	0.089%
4個	1.4%
3個	9.3%
2個	29%
1個	40%
0個	20%

　1個も当たらない確率はむしろ低めで、1個か2個当たる確率が7割くらいになっていますね。

　実際のくじでは4個以上一致すれば賞金がもらえるようです。

ガチャで欲しいアイテムが手に入るまでの期待値はどれくらい？

100回試して少なくとも1回手に入る確率

　スマートフォンなどで行うソーシャルゲームでは、「ガチャ」と呼ばれるシステムでキャラクターなどを集めることがあります。

　これは、キャラクターごとに出る確率が定まっていて、ゲーム内のアイテムを消費していずれかのキャラクターをもらうことができる、というものですが、こうしたゲームをやっていて、低い確率のキャラクターをもらうために何回もガチャを回した経験がある人も多いのではないでしょうか。

　例えば確率1% $= \frac{1}{100}$ で出るキャラクターが欲しかったとして、100回試せば必ず手に入るというわけではありません。実物のカプセルが出てくる「ガチャガチャ」とは違って、1回外れたからといって次に当たる確率が高くなるわけではないのが普通です（これは、くじ引きでいうと一度引いたくじを元に戻して次を引いていることに相当します）。

　では、100回試して少なくとも1回手に入る確率はどのくらいでしょうか？　これは、逆のケース、つまり100回試したけれども1回も手に入らない確率を考えることで計算することができます。

　1回試して手に入らない確率は $\frac{99}{100}$ で、100回試して手に入らないということは、この確率の事象が100回連続で起こるということですから、その確率は

$$\left(\frac{99}{100} \right)^{100}$$

と計算できます。確率の合計が常に1（＝100%）であることに注意すれば、少なくとも1回は手に入る確率は、

44

$$1 - \left(\frac{99}{100}\right)^{100}$$

となります。これはおよそ63％ですから、100回試しても手に入らない確率は4割近くあることが分かります。

試行回数の期待値

では、欲しいキャラクターが手に入るまでの試行回数の期待値はどれくらいになるのでしょうか？

引き続き、欲しいキャラクターが手に入る確率を1％とします。1回の試行で手に入らない確率は $1 - \frac{1}{100} = \frac{99}{100}$ です。このとき、ちょうど n 回で手に入る確率は、最初から $n-1$ 回連続で手に入らず、次の1回で手に入る確率ですから、

$$\left(\frac{99}{100}\right)^{n-1} \times \frac{1}{100}$$

となります。期待値は各々の数値（ここでは回数）に確率を掛けたものを足せばよい（→12ページ）ので、求める期待値 E は

$$E = 1 \times \frac{1}{100} + 2 \times \frac{99}{100} \times \frac{1}{100} + 3 \times \left(\frac{99}{100}\right)^2 \times \frac{1}{100}$$
$$+ 4 \times \left(\frac{99}{100}\right)^3 \times \frac{1}{100} + \cdots$$

となります。ここで、手に入る回数には上限がありません（何回でも連続して外れてしまうことがある）ので、上記の和は無限に続くことに注意しましょう。

この和を直接求めるのは少し大変なので、ちょっと工夫した方法を紹介します。1回目の試行で手に入ったかどうかで場合分けしてみましょう。

1回目で手に入ったとき、手に入るまでの回数は当然1回です。

　1回目で手に入らなかったとき、手に入るまでの回数はどうなるでしょうか。1回目で手に入らなかったからといって、2回目以降に手に入りやすくなるということは残念ながらありません。

　よって、1回目で手に入らなかった時点で、最初の状態に戻ってしまったと考えられますから、残りの回数の期待値は E 回となります。つまり、この場合の（最初から数えた）期待値は E ＋ 1 回です。

　　（1回目の試行で手に入ったとき）…1 回
　　（1回目の試行で手に入らなかったとき）…E ＋ 1 回

　1回目の試行で手に入る確率、手に入らない確率はそれぞれ $\frac{1}{100}$、$\frac{99}{100}$ で、確率×回数の和が期待値でしたから、

$$E = \frac{1}{100} \times 1 + \frac{99}{100} \times (E + 1)$$

となります（右辺にも E が現れているのがポイントです）。これを E について解くと、

$$E - \frac{99}{100}E = \frac{1}{100} + \frac{99}{100}$$

$$\frac{1}{100}E = 1$$

$$E = 100$$

となります（実は、2つ目の方法は期待値が有限の値でないとおかしな結果が出てしまうことがあり、注意を要しますが、今はあまり気にしないことにします）。

　一般的には、確率 p で手に入るキャラクターを得るまでの回数の期待値は $\frac{1}{p}$ となります。もちろん、最初の計算で見たとおり、100 回の試行

で手に入らない確率も一定程度あることには注意しておきましょう。

全種類を集めるために必要な試行回数の期待値

　応用として、何種類かのキャラクターが手に入るガチャにおいて、全種類を集めるために必要な試行回数の期待値を求めてみましょう。話を簡単にするために、5種類のキャラクターが等確率（20%ずつ）出るガチャを考えてみましょう。

　まず、最初は何が出ても1回目で1種類目が手に入ります。1種類手元にある状態で、2種類目が手に入るまでの期待値を考えると、既に持っている1種類目は外れ、残りの4種類が当たりと考えられますから、これは $\frac{4}{5}$ の確率で手に入るものを得るのに何回かかるか、という問と同じです。

　先ほど触れたとおり、確率 p で手に入るものを得るのに必要な回数の期待値は $\frac{1}{p}$ でしたから、この場合の期待値は $\frac{5}{4}$ となります。

　続きも同様に考えましょう。2種類手元にある状態で、3種類目が手に入るまでの期待値を考えると、既に持っている2種類は外れ、残りの3種類が当たりと考えられますから、これは $\frac{3}{5}$ の確率となり、手に入るまでの回数の期待値は $\frac{5}{3}$ ですね。

　同様に、4種類目が手に入るまでの回数の期待値は $\frac{5}{2}$、5種類目が手に入るまでの回数の期待値は $\frac{5}{1}$（＝5）となるので、結局全種類のキャラクターを集め終わるまでの回数の期待値は

$$1 + \frac{5}{4} + \frac{5}{3} + \frac{5}{2} + \frac{5}{1} = \frac{137}{12} \fallingdotseq 11.4 \text{回}$$

となります。確率が均等だとしても、種類の数の2倍以上の回数をかけてようやく最後の1種類まで揃うということですね。

　キャラクターが n 種類の場合は、同様に考えると、

$$1 + \frac{n}{n-1} + \frac{n}{n-2} + \cdots + \frac{n}{1} = n\left(1 + \frac{1}{2} + \frac{1}{3} + \cdots + \frac{1}{n}\right)$$

が全種類揃うまでの回数の期待値となります。

n 種類	1	2	3	4	5	7	10	15	20	30	40	50
期待値	1.0	3.0	5.5	8.3	11	18	29	50	72	120	171	225
$\frac{期待値}{n}$	1.0	1.5	1.8	2.1	2.3	2.6	2.9	3.3	3.6	4.0	4.3	4.5

　表にまとめると上のようになります。種類が多くなるほど、全種類を集めるのは期待値で見てもかなり険しい道のりであることが見て取れるでしょう。

第2章

思わず納得!
統計とデータの話

★平均年収は「普通の年収」?

★平均寿命を見れば、あと何年くらい
　生きられるかが分かる?

★アイスクリームの売上は何と
　関係している? 2つのデータの関係

★選挙の数学
　── 投票方式によって当選者が
　まったく変わってしまう?

★恋愛の数学
　── 理想の相手と結ばれるには?

平均年収は「普通の年収」？

平均値と中央値の違い

　新聞やニュースなどでよく「平均○○」という言葉を聞きます。平均気温、平均株価、平均体重など……。特に、平均年収などと聞いて、自分の年収と比べて「自分の年収が平均より下ということは、全体の真ん中より年収が低いということだ」というようなことを考えたことはないでしょうか。

　または、学校や模擬試験のテストの点数と平均点を比べて、「平均点を超えたから、半分よりは上位の点数が取れた」と考えたことがあるかもしれません。

　実は、上のような考え方は正確ではありません。その理由を考える前に、平均の計算方法をおさらいしておきましょう。

　あるデータの平均は、

$$\frac{データの値の合計}{データの個数}$$

として計算できます。例えば、テストの平均点は、

　　　（点数の合計）÷（テストを受けた人数）

ですし、平均年収は、

　　　（年収の合計）÷（対象となっている人数）

で計算されるわけです。

　少し言い方を変えると、これは全ての得点や年収をいったん1つのところに集めて、それを改めて全員に均等に分けたと想定したとき、1人あたりに分配される点数や金額とみることができます。

英語と数学のテスト点数の例で考えてみる

ここで、数値例を見てみましょう。10 人で英語と数学のテストをしたら、次のような結果になったとします。

英語	30	45	45	55	60	60	65	70	80	90
数学	35	40	45	45	45	45	60	90	95	100

英語の平均点は、

$$\frac{30 + 45 + 45 + 55 + 60 + 60 + 65 + 70 + 80 + 90}{10} = \frac{600}{10} = 60 \text{ 点、}$$

数学の平均点は、

$$\frac{35 + 40 + 45 + 45 + 45 + 45 + 60 + 90 + 95 + 100}{10} = \frac{600}{10} = 60 \text{ 点}$$

ですから、英語も数学も平均点は同じ 60 点です。しかし、英語で 60 点をとった人は全体の真ん中の 5 番目、6 番目の位置にいますが、数学で 60 点をとった人は真ん中より上、上から 4 番目の位置にいます。それどころか、数学で 5 番目、6 番目の位置にいる人は平均点より 15 点も低い 45 点しかとっていません。

これは、各々の得点の散らばり具合（得点の分布と呼びます）が英語と数学で異なっていることが要因です。得点分布をよく見ると、英語は平均点より低い人と高い人が満遍なく分布しているのに比べて、数学では一部の人の得点が高く、その他の人は似たような得点になっているのが見てとれます。

このような分布の場合、平均の数値は真ん中の順位の人の値とはずいぶん離れてしまうことがあります。平均の計算ではあくまで全員の得点を平らにならすわけですから、一部の人が非常に高い得点（あるいは非常に低い得点）をとった場合、その人の得点は平均に大きな影響を与えます。上

の例だと、上位 3 人が 90〜100 点と高い得点をとっていることで、平均点が上がっているわけです。

　平均値ではなく、「真ん中の順位の人の値」のことを**中央値**といいます（ちょうど真ん中の人がいない場合は、真ん中の 2 つのデータを足して 2 で割ったものを中央値とします）。前ページの例では、英語の得点の中央値は 60 点で平均点と同じ、数学の得点の中央値は 45 点で平均点より低い、といった観察ができます。

　さて、現実のデータでも、年収や所得の分布は平均に対して対称ではなく、一部の人が高いことで平均に影響を与える現象が起きています。厚生労働省の平成 30 年「国民生活基礎調査」によれば、1 世帯あたりの平均所得金額は 552 万円である一方、中央値は 423 万円とかなりの開きがあります。

　所得金額が平均以下の世帯の割合は全体の 62% を占めるということからも、平均＝普通という感覚は実際と異なることが分かるでしょう。

　平均という言葉を聞いたときは、一歩立ち止まってその意味を考えてみるとよさそうですね。

平均寿命を見れば、あと何年くらい 生きられるかが分かる？

いったいどんな集団の平均値なのか

　前節では、平均が表すことの意味を考えました。平均という言葉をよく聞く他の例として、「平均寿命」という言葉があります。

　厚生労働省が発表した「平成30年簡易生命表」によれば、男性の平均寿命は81.25年、女性の平均寿命は87.32年とあります。

　平均寿命が徐々に長くなっているということは昔の人よりは今のほうが長く生きられるのだろう、とか男性より女性の方が長生きである、とかいうことは何となく読み取れても、平均寿命の意味を正確に把握している人は意外と少ないのではないでしょうか。

　平均というくらいですからある集団の寿命を合計して人数で割ったものだということは想像がつきやすいですが、いったいどんな集団の平均値なのでしょうか？

　誤解しやすいのが、「1年間で亡くなった人の寿命（享年）の平均」ということですが、実はそうではありません。また、「男性の平均寿命が81歳くらいだから、現在30歳の男性はあと平均して81 − 30 ＝ 51年くらい生きられる」と考える人がいるかもしれませんが、これも正確ではありません。

　では、実際は何かというと……ある年の平均寿命＝その年に生まれた人が平均で何年生きられるかなのです。

　つまり、今年0歳の赤ちゃんの寿命の平均、ということですね。もちろん、今0歳の人があと何年生きられるのか、現時点で知ることはできませんので、これまでにも何度か出てきたように、推定によって求めた値になっています。

　ですから、平均寿命のニュースを見聞きした際には、自分があと何年生

きられるか……ではなく、今年生まれた子どもは（もちろん、平均的にですが）あと何年後まで生きるのだなあ、と思って聞く必要があるということになりますね。

自分があと何年くらい生きられるか

では、自分があと何年くらい生きられるかに関する指標はあるのでしょうか（もちろん、本当は年齢だけでなく現在の健康状態などにもよりますので、正確には「自分と同じ年齢の人」があと何年くらい生きられるか、といったほうがよさそうです）。

この指標は**平均余命**と呼ばれ、先ほどと同じ簡易生命表に主な年齢の平均余命が公表されています。以下はその抜粋です。

	0歳	5歳	10歳	15歳	20歳	25歳	30歳	35歳	40歳
男	81.25	76.47	71.49	66.53	61.61	56.74	51.88	47.03	42.20
女	87.32	82.53	77.56	72.58	67.63	62.70	57.77	52.86	47.97

	45歳	50歳	55歳	60歳	65歳	70歳	75歳	80歳	85歳
男	37.42	32.74	28.21	23.84	19.70	15.84	12.29	9.06	6.35
女	43.13	38.36	33.66	29.04	24.50	20.10	15.86	11.91	8.44

まず、0歳の列に注目してみると、先ほどの平均寿命に一致していることが分かります。つまり、

平均寿命＝0歳の平均余命

と言い換えることもできます。

その他の年齢の平均余命は、「平均してあと何年生きられるか」という年数を表していますから、「何歳まで生きられるか」を求めるためには、現在の年齢に平均余命を足せばよいことになります。例えば、現在30歳の人が平均して何歳まで生きられるかは、上の表によれば、男性で

30 ＋ 51.88 ＝ 81.88 歳、

女性で

$$30 + 57.77 = 87.77 \text{ 歳}$$

と計算できます。

　この数値を見ると、０歳の平均余命である平均寿命より長いという結果になっています。「あれ、平均寿命は年々延びているのでは……？」と思った方がいるかもしれません。

　実際、30歳の人が生まれた30年前の平均寿命を調べると、男性で75歳程度、女性で81歳程度ですから、上記の計算結果とは随分異なります。なぜでしょうか？

条件付き期待値

　このことを納得するため、次のような仮の世界を考えてみます。今から30年前に、全部で10人の男子が誕生したとします。また、何か未来を知る存在があって、それぞれの人の寿命が次のように分かっていたとします。

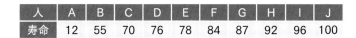

人	A	B	C	D	E	F	G	H	I	J
寿命	12	55	70	76	78	84	87	92	96	100

　このとき、平均寿命は

$$\frac{12 + 55 + 70 + 76 + 78 + 84 + 87 + 92 + 96 + 100}{10} = 75 \text{ 歳}$$

となります。

　30年後になると、不幸にしてAさんは亡くなってしまっていますから、30歳で生きている人の余命（＝寿命－30）は次の表のようになり、

人	B	C	D	E	F	G	H	I	J
余命	25	40	46	48	54	57	62	66	70

平均余命は、

$$\frac{25 + 40 + 46 + 48 + 54 + 57 + 62 + 66 + 70}{9} = 52 \, 年、$$

したがって平均的に生きられる年齢は 30 + 52 = 82 歳、ということに
なります。

　この計算で、どこに違いがあったか分かったでしょうか？　それは、
「平均余命」といった場合にはあくまで現時点で生きている人の平均であ
って、0 歳から現在までに亡くなってしまった人は計算に入れていない、
というところです。

　このように、あることを前提とした場合の平均値あるいは期待値のこと
を**条件付き期待値**といいますが、ただ平均を考えるといった場合にも、母
集団として何を考えているのかが変わると結果が変わってしまう、という
ことが分かりますね。

偏差値ってどうやって計算されているの？

平均値からどれだけ離れているか

　高校や大学を中心に、受験というと必ずといっていいほど関わることになる偏差値。「偏差値○○を目指さないと」とか、「偏差値が上がった、下がった」とかいった話をしたり、聞いたりしたことのある人は多いのではないでしょうか。

　学歴偏重の代名詞のように考えられて言葉自体が疎まれることもありますが、偏差値自体はテストの得点だけに用いられるものでもなく、平均値や中央値のようにデータから計算される統計的な量の1つです。ここでは、偏差値がどのように計算されているのかを紹介します。

　ある英語と数学のテストを10人が受けたところ、次のような結果になったとします（それぞれのテストの得点が低い順から並べています）。

科目	10位	9位	8位	7位	6位	5位	4位	3位	2位	1位	合計
英語	50	50	50	50	60	60	60	70	70	80	600
数学	30	50	50	50	50	50	60	70	90	100	600

　右端の列にあるように、英語と数学は両方とも合計点が600点ですから、平均点はともに 600 ÷ 10 = 60 点です。しかし、2科目の得点分布を比べると、英語はほとんどの人が平均点付近の点数をとっているのに対して、数学は平均点から離れた得点が多くなっていることが分かります。

　つまり、数学のほうが平均より離れた得点をとりやすいという結果になっていますから、例えば同じ70点であっても、数学のほうが「あまり珍しくない」得点だということができそうです（ちょうど70点の人は英語のほうが多いですが、数学では90点や100点の人がいるという意味で

珍しくないという言い方をしています）。こうした違いを表現するための道具が偏差値です。

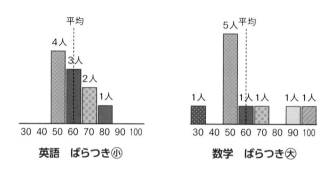

英語　ばらつき㊙　　　　　　　　　**数学　ばらつき㊛**

データの分散と標準偏差

　偏差値の計算では、まずデータのばらつきの度合いを調べるため、それぞれのデータから平均値を引きます。この場合はいずれの科目の平均点も60点ですから、全てのデータから60点を引きます。

科目	10位	9位	8位	7位	6位	5位	4位	3位	2位	1位
英語	−10	−10	−10	−10	0	0	0	10	10	20
数学	−30	−10	−10	−10	−10	−10	0	10	30	40

　ここで出てきた数値が大きいほど、平均値からのばらつきが大きいデータだといえそうです。そこで、このデータを平均するとばらつきの指標が計算できそうな気がしますが、実はこのままだとうまくいきません。そのまま平均しようとすると、プラスマイナスが打ち消し合ってしまうからです。

　実は上の表の合計値は（ということは平均値も）必ずゼロになります。プラスマイナスが打ち消し合うことを防ぐために、全てのデータを2乗してプラスにしてしまいましょう。結果は次のようになります。

| 英語 | 100 | 100 | 100 | 100 | 0 | 0 | 0 | 100 | 100 | 400 |
| 数学 | 900 | 100 | 100 | 100 | 100 | 100 | 0 | 100 | 900 | 1600 |

こうすると、合計の数値が大きいほどばらつきが大きいデータだといえそうですね。この表の平均を、データの**分散**といい、分散のルートをとった値を**標準偏差**といいます。今の例だと、英語が、

$$分散：\frac{100 + 100 + 100 + 100 + 0 + 0 + 0 + 100 + 100 + 400}{10} = 100、$$
$$標準偏差：\sqrt{100} = 10$$

で、数学が、

$$分散：\frac{900 + 100 + 100 + 100 + 100 + 100 + 0 + 100 + 900 + 1600}{10} = 400、$$
$$標準偏差：\sqrt{400} = 20$$

となります。

標準偏差でルートをとるのは、前で2乗した分をもとに戻しているというくらいに考えておけばよいでしょう。ともあれ、この標準偏差がデータのばらつきの基準値になります。

これでいよいよ偏差値を次のようなルールで計算することができます。

・平均値を偏差値50とする。
・平均値からのずれを、標準偏差の値を10として加減する。例えば、平均値＋標準偏差を偏差値60、平均値－標準偏差を偏差値40とする。

1つの式で表すと、

$$偏差値 = 50 + \frac{得点 - 平均点}{標準偏差} \times 10$$

となります。

先ほどの例の場合、60 点の人はいずれの科目でも偏差値 50 ですが、英語で 70 点の人は偏差値 60 である一方、数学で 70 点の人は偏差値 55 になります（標準偏差 20 の半分だけ平均点を上回っているので、50 ＋ 5 ＝ 55）。

　平均点より離れた得点をとりやすい数学の方が偏差値でいうと低く出る、という結果になりました。

▌偏差値の合格可能性は絶対ではない

　さて、よく「偏差値〇〇は上位何 % の位置にいるということである」という説明がありますが、これには少し注意が必要です。実は、正規分布という特定の分布の形の場合には、次のように偏差値の範囲ごとの割合が決まります。

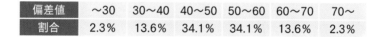

偏差値	～30	30～40	40～50	50～60	60～70	70～
割合	2.3%	13.6%	34.1%	34.1%	13.6%	2.3%

正規分布

　この場合は確かに「偏差値 70 の人は上位 2.3% に入っている」ということができます。

　また、ある条件下では得点分布を概ね正規分布により近似することができますが、一般の得点分布は正規分布からかけ離れていることも珍しくあ

りません（例えば、正規分布は平均値を中心に左右対称になっていますから、それを満たさない場合はうまく近似できていません）。

　したがって、偏差値で全体の位置を知るのはあくまで目安として考えてみてください。

　最後に、高校や大学（あるいはコース、学部など）の偏差値について補足しておきます。「〇〇大学△△学部の偏差値は□□だ」というものですね。

　これは、塾や予備校が発表しているもので、その塾や予備校の試験においてこの偏差値であれば合格可能性が50％（他の数値の場合もあります）である、ということを意味しています。

　ただ、この合格可能性はあくまでその試験を受けた時点での確率を表したものであり、この偏差値を超えたから安心、あるいはこの偏差値に届かないから合格はできないといった主張はあまり意味がありません。

　ある時点での自分の成績の位置を知るためには偏差値は参考になりますが、あくまで受験をする上では受験当日に発揮できる力をいかにして付けるかが最も重要なのではないでしょうか。

　目先の数値の変化に惑わされすぎず、上手に偏差値と付き合っていきたいものです。

アイスクリームの売上は何と関係している？ 2つのデータの関係

気温とアイスクリーム

　ここまでの統計の話では、1種類の量に着目して、平均や標準偏差を用いてデータを見る方法を紹介しました。実社会で見るデータでは、1種類の量だけでなく、2種類の量の関係が重要になる場合がよくあります。

　食べる物と体重との関係、睡眠時間と寿命の関係……ニュースでも「○○と××の間に関係があることが分かった」といった記事を見かけます。ここでは、2つのデータの間にある関係を調べる方法を見ていきましょう。

　あるアイスクリーム店では1日の売上個数が日によってまちまちなので、売上がどんなデータと関係しているかを調べることにしました。ある7日間の最高気温、最低気温と売上個数の関係は次のようになっていました。

日	1日	2日	3日	4日	5日	6日	7日
最高気温(℃)	24	21	27	28	29	31	22
最低気温(℃)	15	17	22	24	18	21	19
売上個数	130	90	130	120	190	270	120

　数値を見ていても分かりづらいので、横軸を最高気温あるいは最低気温とし、縦軸を売上個数としてデータを図に表すと次のようになります。

郵便はがき

１０２-００７１

東京都千代田区富士見
一一二一十一
KAWADAフラッツ一階

さくら舎 行

住　所	〒　　　　　　　都道 　　　　　　　　府県			
フリガナ			年齢	歳
氏　名			性別	男　女
TEL	（　　　　　）			
E-Mail				

さくら舎ウェブサイト　www.sakurasha.com

愛読者カード

ご購読ありがとうございました。今後の参考とさせていただきますので、ご協力を
お願いいたします。また、新刊案内等をお送りさせていただくことがあります。

【1】本のタイトルをお書きください。

【2】この本を何でお知りになりましたか。

　1.書店で実物を見て　　　2.新聞広告(　　　　　　　　　　　　　新聞)

　3.書評で(　　　　　　　)　　4.図書館・図書室で　　5.人にすすめられて

　6.インターネット　　7.その他(　　　　　　　　　　　　　　　　　　　)

【3】お買い求めになった理由をお聞かせください。

　1.タイトルにひかれて　　　2.テーマやジャンルに興味があるので

　3.著者が好きだから　　　4.カバーデザインがよかったから

　5.その他(　　　　　　　　　　　　　　　　　　　　　　　　　　　)

【4】お買い求めの店名を教えてください。

【5】本書についてのご意見、ご感想をお聞かせください。

●ご記入のご感想を、広告等、本のPRに使わせていただいてもよろしいですか。
　□に✓をご記入ください。　　　□ 実名で可　　□ 匿名で可　　□ 不可

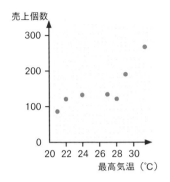
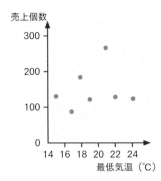

いかがでしょうか。最高気温と売上個数の図では、点が右上がりに並んでいます。これは最高気温が上がるほど、売上も上がるということを示していそうです。

一方、最低気温と売上個数の図では、右上がりまたは右下がりの目立った傾向は見られないといってよさそうです。右上がりの傾向があることを「正の相関がある」、右下がりの傾向があることを「負の相関がある」と呼びます。

こういった傾向を数値化したものが**相関係数**という指標です。相関係数には次のような性質があります。

・2つのデータの相関係数は、必ず−1と1の間の値になる。
・データが右上がりの直線上に並んでいるとき1に、右下がりの直線上に並んでいるとき相関係数は−1に等しく、右上がりの傾向が強いほど1に近く、右下がりの傾向が強いほど−1に近くなる。

相関係数の計算方法

具体的には、次のように計算します。まず、それぞれのデータから平均値を引き、標準偏差で割っておきます（これを標準化といいます）。

こうすることで、1つのデータの平均値やばらつき具合によって計算値が影響されないようにしています。その後、2種類のデータを掛け算した

ものの平均を計算します。これが相関係数です。

先ほどの例で計算してみましょう。最高気温の平均値は

$$\frac{24 + 21 + 27 + 28 + 29 + 31 + 22}{7} = 26、$$

平均値を引いたデータは、

$$-2, -5, 1, 2, 3, 5, -4$$

となるので、標準偏差は

$$\sqrt{\frac{(-2)^2 + (-5)^2 + 1^2 + 2^2 + 3^2 + 5^2 + (-4)^2}{7}} = \sqrt{12} = 3.464\cdots$$

です。

一方売上個数の平均値は、

$$\frac{130 + 90 + 130 + 120 + 190 + 270 + 120}{7} = 150、$$

平均値を引いたデータは、

$$-20, -60, -20, -30, 40, 120, -30$$

となるので標準偏差は、

$$\sqrt{\frac{(-20)^2 + (-60)^2 + (-20)^2 + (-30)^2 + 40^2 + 120^2 + (-30)^2}{7}} = \sqrt{\frac{22200}{7}}$$

$$= 56.31\cdots$$

です。これより、標準化したデータを計算すると、

最高気温（標準化）	− 0.58	− 1.44	0.29	0.58	0.87	1.44	− 1.15
売上個数（標準化）	− 0.36	− 1.07	− 0.36	− 0.53	0.71	2.13	− 0.53
積	0.21	1.54	− 0.10	− 0.31	0.62	3.08	0.62

となり、積の平均をとった、

$$\frac{0.21 + 1.54 - 0.10 - 0.31 + 0.62 + 3.08 + 0.62}{7} ≒ 0.81$$

が最高気温と売上個数の相関係数です。掛け算することにより、両方が平均より大きいまたは小さいときはプラス、片方が平均より大きく他方が小さいときはマイナスになりますから、相関係数が大きいほど右上がりの傾向が強いということが納得できるかと思います。

　同様に最低気温と売上個数の相関関係も調べると、約 0.16 となります。相関係数に関する絶対的な基準はありませんが、概ね相関係数が 0.7〜0.8 以上だとはっきりと正の相関が、− 0.7〜− 0.8 以下だとはっきり負の相関があると言ってよさそうです。

　逆に− 0.3〜0.3 くらいだとはっきりした相関が認められたとは言えないことが多いでしょう。

相関関係と因果関係の違い

　相関関係を見る上で１つ注意しておきたいのが、相関関係と因果関係の違いです。

　相関係数が１や− 1 に近い場合、確かに２つのデータの間に「一方が大きければ、他方が大きい（または小さい）」という関係が認められますが、これは「一方が他方に影響を与えている」ということとは別です。

　上で挙げた例だと、確かに「最高気温が高いことでアイスクリームが食べたくなり、その結果、売上が増えた」という説明ができそうですが、これはあくまで相関係数が高いことの１つの説明であって、これらのデータからだけで原因と結果の関係が立証されるわけではありません。

　例えば、「アイスクリームの売上個数と、水難事故の件数に正の相関がある」という調査結果が出たとしましょう。この結果を見て、「アイスクリームを食べると水の事故に遭いやすくなるから、アイスクリームを食べるのはやめるべきだ」という人がいたらどうでしょうか？

　この場合はおそらく、アイスクリームの売上と水難事故の件数はいずれ

も気温が高い時に大きくなることから、この２つのデータにも相関がある結果になったのかもしれません。

　このように、見かけ上では相関があっても真の要因は他のところに隠れているかもしれず、必ずしも一方が他方の原因になっているということはデータからだけでは判断できないのです。
　ここで挙げた例はやや極端ですが、似たような主張がなされていることは実際かなり多いです。「相関があるから○○だ」といった主張を見かけたら、本当にそう結論づけられるのかな？　と少し立ち止まって考えてみることをお勧めします。

第2章

業績好調の会社の来年度予測、その予測は正しい？ データから本当に分かること

納得できない目標設定

　ある会社では、ここのところ業績が好調です。社長が次のような表を提示し、来年度の業績を次のように予測しました。

年度	利益	前年度比
2年前	550 万円	－
1年前	870 万円	＋ 58％
今年	1370 万円	＋ 57％
1年後	???	＋ 57％〜58％ ？

　この表において前年度比とあるのは、ある年度の利益を前の年度の利益で割り、それと100％（全く変動していない場合）の差を示したものです。例えば、1年前の前年度比は、

$$870 ÷ 550 ≒ 1.58 = 158\%$$

より、＋58％となっています。

　「1年前は前年度に比べて利益が＋58％、今年は前年度に比べて利益が＋57％でした。このデータから、来年度の利益も＋57％〜58％と期待できます。＋57％としても、

$$1370 × 1.57 ≒ 2150$$

ですから、来年度は2150万円の利益を必達目標とします」

　さて、あなたがこの会社の社員だったら、この目標設定に納得できるでしょうか。納得できないとしたら、どこがおかしいと考えられるでしょうか。

意味のない予測、現実のデータは複雑

　前項は少し極端な例ですが、同じような論理展開がされていることは少なくないように思います。データを示されて主張を述べられると何となく正しいような印象を受ける方も多いのではないでしょうか。

　学校で習う数学や理科では、データが直線で表される１次関数、放物線で表される２次関数などのように、きれいな数式で表せるような量を扱うことがほとんどです。

　例えば、バネばかりにつるした重りの質量とバネの長さをグラフに表すと、これは直線で表され、質量と長さが１次関数の関係にあることを学びます（フックの法則といいます）。

　このような「きれいな関係」は、なぜそのような関係にあるのかが解明されており、学校で経験する実験はその関係が成り立っていることを確かめる目的で行われています。

　しかしながら、現実のデータはより複雑です。業種や会社によって多少の違いはあるかもしれませんが、会社の利益は１つの要素ではなく、扱っている商品や経済状況、同業他社の動向等々、多くの要素が関連して決まっていくものです。

　最終的な数値だけを何かしらの関数やグラフに当てはめて予測するということがそもそも無理な話だと言えるでしょう。

　冒頭の例では、「利益の伸び率が年によらず一定である」ということが暗に仮定されており、これが正しいという根拠がない限りは、意味のない予測ということになってしまいます。

　なお、「利益の伸び率が年によらず一定である」というのは、利益が年に関して指数関数（→詳しくは第３章）になっているということですから、もしその予測が正しければ20年後には

$$1370 \text{万円} \times 1.57^{20} \fallingdotseq 1134 \text{億円}$$

ととんでもない成長を遂げてしまいます。

このくらいの数値を見れば、現実的な仮定ではないことが伝わりやすいかもしれません。

予測の根拠に要注意

もう一つ注意すべきことは、データはそれを用いる人によって選択されているということです。例えば、最初に挙げた利益のデータをもう１年遡ると、実は次のようになっているかもしれません。

年度	利益	前年度比
3 年前	870 万円	－
2 年前	550 万円	－ 37%
1 年前	870 万円	＋ 58%
今年	1370 万円	＋ 57%
1 年後	???	＋ 57%～58% ?

これを見ると、利益が順調に増加を続けているというのも疑問で、２年前に何らかの理由で利益が減ってしまった、という見方のほうが現実的かもしれません。現実のデータから将来を予測するというのは、とても難しいものです。

予測の数値を見るときは、そこにどのくらいの根拠があるかに注意して見てみると、不確かな情報に踊らされることも少なくなるのではないでしょうか。

選挙の数学──有権者の選好が同じでも、投票方式によって当選者がまったく変わってしまう？

多数決は絶対正しい？

　国政選挙や地方自治体の選挙といった色々な選挙が話題に上ると、議席数や投票率など多くの数字が登場します。

　ここでは、選挙での当選者の決まり方について考えてみましょう。話を簡単にするため、何人かの候補者の中から1人の当選者が出る選挙（衆議院議員選挙の小選挙区や、市長選挙などがこれにあたりますね）を考えます。「決まり方といっても、投票して最も得票数が多い人が当選するに決まっている」と思うかもしれません。

　実際、上で挙げた選挙の例ではこの方式、つまり多数決が採用されています。一見すると疑いの余地のない、理にかなった方法であるように思えますが、例えば次のような例を考えてみましょう。

　ある選挙では候補者がA、B、C、Dの4人います。有権者は9000人おり、この4人について次のような順番で当選者にふさわしいと思っていたとします。

	4000人	3000人	2000人
1位	A	B	C
2位	D	C	D
3位	C	D	B
4位	B	A	A

　上の表は例えば、有権者のうち4000人が、Aが最もよく、次がD、その次がC、そしてBが最も悪いと思っているというように読んでください。

さて、この状態で多数決、つまり良いと思う1人に投票すると、得票数は次のようになります。

A	B	C	D
4000 票	3000 票	2000 票	0 票

こうして4000票を得たAが当選しますが、よく見ると、Aに投票していない5000人は全員Aが最も悪いと思っています。これは果たして有権者の意思を反映した結果といえるでしょうか。

また、上の表の情報が投票前に知られていたとすると、Aが最も悪いと思っている5000人が結託して例えばCに投票することで、当選者を変えることができてしまいます。

これは、政権与党の候補が当選することを防ぐために、本来異なる政策を持っているはずの野党が統一候補を擁立する構図と似ています。

1位にのみ着目していることが以上のような問題につながっていると考えて、2位以下の順番も考慮するような決め方をいくつか検討してみましょう。

さまざまな投票方式

■決選投票

多数決の上位2人で決選投票をすると考えてみましょう。上位2人はAとBなので、その2人のどちらかに投票してもらいます。すると、Cに投票していた3000人はより順位の高いBに投票すると考えられますから、結果は次のようになります。

A	B
4000 票	5000 票

この場合は、Bが逆転勝利を収めて当選します。

■上位2人に投票

　では、最初から2人に投票する方式にするとどうでしょうか。最初の表で上位2人に投票すると考えると、4000人がAとD、3000人がBとC、2000人がCとDに投票することになりますから、結果は次のようになります。

A	B	C	D
4000 票	3000 票	5000 票	6000 票

　なんと、通常の多数決では1票も得られなかったDが最多得票を得て当選します。

■ボルダ得点

　この方式では、投票の際に4位までの順位を全て提出します。そして、1位＝4点、2位＝3点、3位＝2点、4位＝1点として集計して（この結果のことを**ボルダ得点**といいます）、点数の大きい人を当選とします。実際に計算してみると、

　A：4000 × 4 ＋ 3000 × 1 ＋ 2000 × 1 ＝ 21000、
　B：4000 × 1 ＋ 3000 × 4 ＋ 2000 × 2 ＝ 20000、
　C：4000 × 2 ＋ 3000 × 3 ＋ 2000 × 4 ＝ 25000、
　D：4000 × 3 ＋ 3000 × 2 ＋ 2000 × 3 ＝ 24000

となり、Cが当選します。

　最初の多数決と合わせて、この例では選び方によってA、B、C、Dの誰もが当選しうるという結果になりました。実際に多数決以外の方式を選挙制度として採用している国もあります。

　例えば、決選投票はフランスの大統領選挙に用いられていますし、ボルダ得点方式もスロベニアの下院議員選挙で用いられているようです。

　もちろん多数決以外の方式にもそれぞれ利点、欠点があり、どれが最良

の方法であるということを明確に決めることはできません。さらに、この例のように、選挙制度を変えることによって当選者が変わってしまうことがありうるので、今採用されている方式を変更するのも現実的にはなかなか難しいでしょう。

　ただ、投票によって集団の意思をまとめる機会は選挙だけでなく社会生活の色々なところにあります。色々な決め方があり、それによって結果が変わってしまうこともある、ということくらいは知っていて損はしないのではないでしょうか。

商品の値段はどうやって決まるの？

需要と供給の交差点

　食料品など日常的に買う必要がある物の値段は、誰しも気になるところです。今年は冷夏で野菜の値段が高くなった、とか何週連続でガソリンの価格が上昇している、などという話を聞くこともよくあります。

　そもそも物の値段はどのようにして決まっているのでしょうか？　経済学ではこの問いに対してさまざまなアプローチで分析されていますが、その中でも比較的単純な説明を紹介しましょう。

　ある種類のものが市場で売り買いされるとき、売る側（供給者）と買う側（需要者）がいることになります。

　基本的に、供給者は値段が高いほど利益が出るので、高い価格で売れることを望みますし、需要者は同じものであればできるだけ安い値段で買いたいと望むでしょう。これを、価格と供給量あるいは需要量との関係で図にしたものが、次で示す需要・供給曲線です。

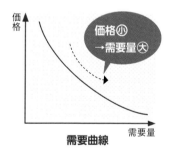

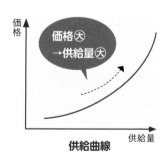

　図では縦軸が価格、横軸が供給量あるいは需要量となっています。供給量は、値段が高いほど多く生産し供給したいと考えることから、右上がり

の曲線（供給曲線）で表されており、一方で需要量は、値段が安いほど多く購入したいと考えることから、右下がりの曲線（需要曲線）で表されています。

　このような需要曲線と供給曲線をもつ物の値段を見るには、

　2つの曲線を同じ図に描いて、その交点のところの価格（**均衡価格**といいます）を見ればよいことになります。

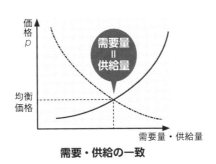

需要・供給の一致

　なぜなら、交点の価格のところでは需要量と供給量が一致しており、需要者が必要としている分だけ供給されているという構図になっているからです。

　実際には、お店によって物の価格は少しずつ変わりますし、供給されたものの売れ残りがまったくないということはありませんから、しくみを大ざっぱに捉えるための説明であると思うとよいでしょう。

理論と実際

　理論的にはこのようにして価格が決まると言われても、現実の供給者がこうした曲線を描いて価格を決めているかというとそうではありません。

　そこで、仮に均衡価格より高い価格で売られていたとしたら、どんなことが起こるかを考えてみましょう。価格 p と需要曲線、供給曲線とが交わる点を読んでみると、需要量が供給量を下回っていることが分かります。

　これは供給されたものが十分売れていない状況ですから、価格は徐々に

下がると考えられます。

　均衡価格より安い価格で売られていた場合も同じように考えることで、実際の価格が均衡価格から外れていると、自動的に均衡価格に近づくように調整されていくことが分かるのです。

豊作貧乏のメカニズム

　少しだけ応用として、野菜などの豊作貧乏のメカニズムをこの図を用いて考えてみましょう。

　例えばキャベツのように日々使う野菜は、少し高くなったからといってまったく食べなくなったり、少し安くなったからといって急に2倍食べたりすることはないでしょう。

　これは、同じ価格の変化であっても需要量の変化が乏しいということですから、需要曲線は急な傾きの曲線で表されます（縦が変化しても横はあまり変化しない、と捉えてください）。

　一方で、農作物は値段が高くなったからといって急に作る量を変えるのは難しく、どちらかというと天候のような外的要因に供給量が左右されやすいと考えるのが自然でしょう。ここでは、供給量は価格に左右されない、すなわち供給曲線は垂直な直線で表されるとして考えてみます。

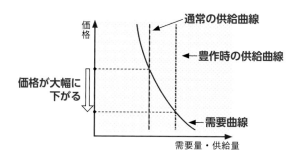

　さて、ある年は天候によく恵まれ、キャベツが大量に収穫されたとしましょう。この動きは価格の変化によるものではありませんから、図では供

給曲線ごと右側にずれた位置に変化する、と見ることができます。

　このとき均衡価格の変化を見ると、需要曲線の傾きが急であることから、価格が大きく下がるということが図から分かります。すると供給者である農家としては、価格が下がりすぎて、多少販売量が増えたとしても、全体の利益はかえって減ってしまうということがありうるのです。

　これを避けるため、豊作による供給量の増加を抑えるためにあえて野菜が廃棄されるといったことが起こるというわけです。

　このように、ものの性質によっても均衡価格の決まり方は変わってきます。興味を持った方は、経済学の成書を手に取ってみてください。

恋愛の数学――理想の相手と結ばれるには？

男女各4人の納得のカップリングとは？

　性別を問わず、理想の相手と結ばれたい……とは思いつつも、なかなか理想どおりにはいかなかったりするのが現実かもしれません。数学とは関係なさそうな話ですが、実はこうした問題にも数学は関わっているのです。ここでは、次のような状況を考えてみましょう。

　男性が4人（A、B、C、D）、女性が4人（a、b、c、d）いて、この中でカップルを4組作ろうとしています（ここからの話は、何人ずつでも同じように成り立ちます）。

　互いのことはよく知っており、どの男性も女性4人を好きな順番が決まっています。また、どの女性も男性4人を好きな順番が決まっています。

男性	←好き			
A	b	a	c	d
B	c	d	b	a
C	b	c	d	a
D	d	b	a	c

女性を好きな順番

女性	←好き			
a	B	C	A	D
b	B	D	A	C
c	D	A	C	B
d	D	A	B	C

男性を好きな順番

　もちろん、全員が最も好きな相手と結ばれるのがベストですが、上の表を見てもそう簡単ではないのが分かると思います。例えば、bさん、Bさん、Dさんのことを一番好きな人が複数いたり、Cさんはbさんが一番好きだけれど、bさんにとってはCさんは最下位だったり……。

　全員が最も好きな相手とカップルになることは無理ですから、ある程度

の妥協、すなわち最も好きではないけれど、バランスを考えたペアになることは認めざるをえません。

　しかし、例えばAさんとcさん、Dさんとaさんがペアになったとすると、Aさんはcさんよりaさんの方が好き、aさんはDさんよりAさんの方が好きですから、Aさんとaさんはペアになりたいと思い、いったん決めた組合せを捨てて付き合ってしまうかもしれません。

　ですから、条件としてこのようなことが起きないような組合せを考えることにします。つまり、

条件　男性1と女性1、男性2と女性2がペアになっているとき、「男性
　　　　　1は女性1より女性2を好きで、女性2は男性2より男性1を好き」
　　　　　ということは起こらない。

という条件を満たす組合せを見つける方法を考えてみます。

組合せを見つける方法

　このような組合せを見つける方法を一つ紹介します。

(a) 誰ともペアになっていない男性が、まだプロポーズしていない女性のうち最も順位の高い女性にプロポーズをする。

(b) プロポーズされた女性は、

● すでにペアになっている男性がいなければプロポーズした男性とペアになる。

● すでにペアになっている男性がいた場合、プロポーズした男性がペアの男性より順位が低ければプロポーズを断り、順位が高ければ現在のペアの男性の代わりにプロポーズした男性とペアになる。

(c) 誰ともペアになっていない男性がいる限り（a）,（b）を繰り返す。

実際にこの手順を行ってみると次のようにペアが決まります（○はペアになったことを、×はペアが断られたことを、下線はプロポーズが行われたことを表します）。

	←好き			
A	✕	ⓐ	c	d
B	✕	✕	ⓑ	a
C	✕	ⓒ	d	a
D	ⓓ	b	a	c

	←好き			
a	B	C	Ⓐ	D
b	Ⓑ	D	A	C
c	D	A	Ⓞ	B
d	Ⓞ	A	B	C

　実は、この方法に従うと、必ず条件を満たす組合せが得られることが分かるのです。さらに、男性がプロポーズする順番には関わりなく同じ組合せが得られることも知られています。

　腕に自信のある方は、この方法だと条件が必ず満たされる理由を考えてみてください。

　また、男性と女性の立場を入れ替えるとどのように組合せが変わるか？というのも考えてみると面白いかもしれません。

　このような、点と点の結びつき（ここでは男女のペア）について考察する数学の分野をグラフ理論といいます。学校で習う数学とは趣が若干異なりますが、カップルを作る問題だけではなく、応用の広い面白い分野です。

第3章

大事なお金に
まつわる
指数の話

★2倍を繰り返していくと……?
　倍々計算の威力

★預金や借金はどうやって増えていく?
　金利の話

★預けたお金は何年で2倍になる?
　金利の概算と「70の法則」

★分割払いをすると、
　どのくらいで返済は終わる?

2倍を繰り返していくと……？ 倍々計算の威力

冷や汗をかく豊臣秀吉

日常会話で「何倍にして返す」などということがありますが、ここでは倍々にしていく計算について紹介しましょう。

豊臣秀吉に御伽衆として仕えたといわれる、曽呂利新左衛門の逸話で次のようなものがあります。

あるとき秀吉から褒美を下されることになり、希望のものを尋ねられた新左衛門は、「1日目は米1粒、2日目には倍の2粒、3日目にはさらに倍の4粒、……と日ごとに倍の量の米を100日間もらう」ことを希望しました。

これを聞いて大した量ではないと感じた秀吉は簡単に承諾しましたが、実際には膨大な量になることに途中で気づき、他の褒美に変えてもらったといいます。

具体的にどのくらいの量になるか、計算してみましょう。

1日目にもらえる米粒は1粒、2日目は$2 = 2^1$粒、3日目は$2 \times 2 = 2^2$粒、4日目は$2^2 \times 2 = 2^3$粒、……と考えていくと、100日間でもらえる米粒の量は、

$$1 + 2 + 2^2 + 2^3 + \cdots + 2^{99} 粒$$

となります。これだけだとよく分かりませんね。もう少し簡単にするために、最初から1粒の米を持っておいたとしましょう。このとき

1日後には　$1 + 1 = 2 \ (= 2^1)$ 粒

2日後には　$2 + 2 = 4 \ (= 2^2)$ 粒

3日後には　$4 + 4 = 8 \ (= 2^3)$ 粒

という具合で、手持ちの米が倍々になっていき、100日後には2^{100}粒になります。最初から持っていた1粒を除いて考えれば、もらえる米粒は

$2^{100} - 1$ 粒

ということになります。

この 2^{100} という数はどのくらいのものでしょうか。字面だけ見るとあっさりしたものですが、実際に計算してみると

1,267,650,600,228,229,401,496,703,205,375 粒

です（何桁あるでしょうか？）。

このままではピンと来ないので、少し単位を変えてみます。お米 1kg にはだいたい 50,000 粒くらいのお米が入っているそうですから、上記の数を、

1,250,000,000,000,000,000,000,000,000,000 粒

で概算してみることにすると、50,000 で割り算することで、重さはだいたい、

25,000,000,000,000,000,000,000,000kg

= 25,000,000,000,000,000,000,000t

となります。まだ 0 が多いですが、現在世界で生産されているお米が年間約 5 億 t であることを踏まえると、世界中で生産されているお米の、

50,000,000,000,000 年（50 兆年）分

というとんでもない量であることが分かります。

なお、2^n（2 の累乗）を概算する際には、

$2^{10} = 1024 ≒ 1000$

であることを知っておくと便利です。これは、2 を 10 回掛けることは桁がだいたい 3 つ増えることに相当する、ということですから、2^{100} は大体 30 桁くらいの数になることが簡単に分かります（実際、2^{100} は 31 桁の数です）。

紙を 50 回折ると、太陽まで届く !?

他の例では、ねずみ算と呼ばれる次のような問題も少なくとも江戸時代から知られています。

> ねずみのつがいが1組いて、正月に子を12匹産む。親と合わせ
> て7組のつがいとなり、2月にはそれぞれのつがいが子を12匹
> ずつ産む。
> このようにして増えたねずみのつがいが毎月子を12匹ずつ産む
> とき、12箇月後にはどれくらいの数になっているか。

　この問題は、1組のつがいがひと月で7倍になっていることから、最初
に2匹であったことから12箇月後には、

$$2 \times 7^{12} = 27{,}682{,}574{,}402 \text{ 匹、}$$

つまり約280億匹となります。これもまたものすごい数ですね。

　先ほどの例と比べて、掛ける回数は12回とだいぶ少ないですが、掛け
る数が7と大きいのでかなりの大きさになっています。このように倍々で
増えていくことを指して「ねずみ算式に増える」といった言葉もあります。

　倍々の威力を身近に感じるための例をもう1つ紹介しておきます。
　一般的なコピー用紙を1枚用意して、半分に折りたたむことを何回も繰
り返していきます。
　大きな紙を用意しても、現実的には10回も折ることができませんが
(何回折れるか、実際に試してみてください！)、仮に50回折ることがで
きたとすると、紙の厚みはどのくらいになるでしょうか。元のコピー用紙
の厚さは0.1mmとしておきます。
　どのくらいか、予想できたでしょうか。1回折るたびに厚さは倍になっ
ていきますから、50回後の厚さは、

$$0.1 \times 2^{50}\text{mm} \fallingdotseq 100{,}000{,}000\text{km}$$

つまりおよそ1億kmとなります。
　地球から月までの距離が約38万km、地球から太陽までの距離が約1
億5000万kmですから、月をはるかに越えて太陽にまで届きそうな厚さ
になってしまいます。

　小さな数でも数十回掛けるだけでとんでもない大きさになる、ということが少し実感できたでしょうか。次ページからは、こうした累乗の計算がお金の計算にもあらわれてくることを見ていきます。

預金や借金はどうやって増えていく？ 金利の話

単利と複利の違い

　お金を銀行に預けたときや、逆にお金を借りたとき、時間が経つと利子が付き、元々の金額（元本）より増えるのが普通です。ここでは、利子の計算について考えてみましょう。

　利子は、元本に一定の割合（**利率**といいます）を掛けることで計算されます。元本が１万円で利率が５％であれば、利子は、

$$10{,}000 × 5\% = 10{,}000 × 0.05 = 500 円$$

となります。このとき、元本と利子を合わせると 10,500 円となりますが、このことを元本が 1.05 倍（＝ 1 ＋ 0.05）になった、と考えることもできます。

　さて、これだけであれば話は単純ですが、利子は時間が経つごとに繰り返し付いていきます。１年ごとに５％の利子が付くとき、「年利率５％」といった言い方がされます。このとき、複数回の利子の付き方に２つの考え方があります。

■単利

　これは、常に（元本）×（利率）を利子とする考え方です。単利、年利率５％で１万円を借りた（あるいは預けた）場合、

・１年目の利子は $10{,}000 × 0.05 = 500$ 円
・２年目の利子は $10{,}000 × 0.05 = 500$ 円
・３年目の利子は $10{,}000 × 0.05 = 500$ 円

となり、毎年 500 円ずつ増えていきます。

　n 年後の元利合計（＝元本＋利子）は、利子 500 円が n 回分元本に上乗せされるということですから、

$$10,000 + 500n \text{ 円}$$

になります。

■複利

　こちらは、計算時点での元利合計に利率を掛けたものを利子とします。複利、年利率 5％で 1 万円を借りた（あるいは預けた）場合、

・1 年目の利子は $10,000 \times 0.05 = 500$ 円

とここまでは単利と変わりませんが、この時点での元利合計が 10,500 円ですから、

・2 年目の利子は $10,500 \times 0.05 = 525$ 円、

　元利合計は $10,500 + 525 = 11,025$ 円

・3 年目の利子は $11,025 \times 0.05 = 551$ 円、

　元利合計は $11,025 + 551 = 11,576$ 円

となります。利子が毎年増えていくのが分かると思います。

　元利合計は、1 年経つと 1.05 倍になるわけですから、n 年後は

$$10,000 \times 1.05^n \text{ 円}$$

になります。

「借金が雪だるま式に増える」

　ここで、1.05^n という式が出てきました。これは直前で紹介した累乗の計算になっています（→ 82 ページ）。

　2^n や 7^n は非常に大きな数になることをすでに見ましたが、1.05^n だとどうなるでしょう。単利と複利で何年か経ったときの元利合計は次のようになります。

年数	1	2	3	4	5	10	15	20	30
単利	10,500	11,000	11,500	12,000	12,500	15,000	17,500	20,000	25,000
複利	10,500	11,025	11,576	12,155	12,763	16,289	20,789	26,533	43,219

　5年くらいでは大きな差はありませんが、徐々に差が開いていっていますね。複利の場合、「1年で5％だから、20年で100％つまり元金が2倍になるくらいかな」などと高をくくっていると、大変なことになります。「借金が雪だるま式に増える」というのはこのような計算から来ているわけです。

　単利の場合は利子の金額がずっと同じですから、利率では単利のほうが大きくても、最終的な元利合計は複利のほうが大きくなってしまう、ということもありえます。
　例として、年利15％の単利方式と、年利10％の複利方式で同じ10,000円を借りたとしたとき、複利方式のほうが元利合計が大きくなるのは何年後になるでしょうか？　予想してみてください。

（答：9年）

預けたお金は何年で2倍になる？ 金利の概算と「70の法則」

何年で2倍になる？

複利でお金を借りたり預けたりすると、（1＋利率）^{n} という指数計算によってどんどん大きな金額になっていくことを紹介しました。では、例えば年利3％でお金を預けたときに、何年で2倍になるかを考えてみましょう。これは、

$$1.03^n = 2$$

を満たす n を求める問題です（ちょうど＝になる整数 n は存在しないので、厳密には $1.03^n \geqq 2$ となる最小の n は何か、ということになりますが、こう書いておきます）。

コンピュータで計算すると、

$$1.03^{23} \fallingdotseq 1.973587, \quad 1.03^{24} \fallingdotseq 2.032794$$

となり、23〜24年で2倍になることが分かりますが、このような指数の計算を手で行うのは大変です。

色々な利率で1.5倍、2倍、3倍になるまでの年数を計算してみると次のようになります（ちょうど〇倍、にはならないので、より近い倍数になる年数としています）：

年利	1.5 倍	2 倍	3 倍
1 %	41 年	70 年	110 年
2 %	20 年	35 年	55 年
3 %	14 年	23 年	37 年
4 %	10 年	18 年	28 年
5 %	8 年	14 年	23 年
6 %	7 年	12 年	19 年
7 %	6 年	10 年	16 年
8 %	5 年	9 年	14 年
9 %	5 年	8 年	13 年
10%	4 年	7 年	12 年

　この表を見ると、次のような概算が成り立っています：年利 i ％のとき、
・1.5 倍になるまでの年数 n は、$i \times n = 40$ となる n に近い。
・2 倍になるまでの年数 n は、$i \times n = 70$ となる n に近い。
・3 倍になるまでの年数 n は、$i \times n = 110$ となる n に近い。
　つまり、例えば 2 倍になるまでの年数が知りたければ、70 を利率の値
（パーセント単位）で割り算すればよい、ということになります。
　これは「70 の法則」と呼ばれて知られています（利率が大きめの範囲
では 70 より 72 のほうが近いことと、割り切れる数が多いことから、「72
の法則」と呼ばれることもあるようです）。
　これなら、概算が簡単にできそうですね。

「70 の法則」のしくみ

　なぜこのような計算が成り立つのでしょうか。これは、
　　　　$(1 + r)^n$
という数が、$r \times n$ が一定のときには近い値になるということを意味して
います。
　例 え ば、$1.06^2 = (1 + 0.06)^2$ と $1.04^3 = (1 + 0.04)^3$ と $1.03^4 =$

$(1 + 0.03)^4$ を比べてみましょう（これらはすべて上の式でいうと $r \times n$ = 0.12 を満たす数値の例になっています）。

文字式の展開で、

$(1 + r)^2 = 1 + 2r + r^2$、

$(1 + r)^3 = (1 + 2r + r^2)(1 + r) = 1 + 3r + 3r^2 + r^3$、

$(1 + r)^4 = (1 + 3r + 3r^2 + r^3)(1 + r) = 1 + 4r + 6r^2 + 4r^3 + r^4$

となることが確かめられるので、上から順に r = 0.06，0.04，0.03 を代入すると、

$(1 + 0.06)^2 = \underline{1 + 2 \times 0.06} + (0.06)^2$、

$(1 + 0.04)^3 = \underline{1 + 3 \times 0.04} + 3(0.04)^2 + (0.04)^3$、

$(1 + 0.03)^4 = \underline{1 + 4 \times 0.03} + 6(0.03)^2 + 4(0.03)^3 + (0.03)^4$

となります。ここで、下線を引いた部分がすべて 1 + 0.12 となって同じであることに気づいたでしょうか。

一般に、$(1 + r)^n$ を展開すると、

$$(1 + r)^n = 1 + nr + （r の2乗以上の項）$$

となることが分かる（余裕のある人は確かめてみてください）ので、上記の式で下線を引かなかった r の2乗以上の項を除けば $r \times n$ が一定であるときの $(1 + r)^n$ は同じになります。

一方、下線を引かなかった r の2乗以上の項は、r を2回以上掛けていることから相対的に小さい値となります。

これより、結果的に $r \times n$ が一定のときの $(1 + r)^n$ は近い値になる、ということが説明できます。ちなみに、いま用いた例での実際の値は次のとおりです：

$$1.06^2 = 1.1236，\quad 1.04^3 = 1.124864，\quad 1.03^4 = 1.12550881$$

なお、上記で r の2乗以上の項を除いた 1 + nr という部分は単利方式での金額になっています。「相対的に小さい」とは言っても、r の2乗以上の項を無視していいわけではありませんが、おおよその傾向を知りたいときにはこのように「次数の高い項を無視して考える」というのは便利な考え方です。

ここでは、r の 1 乗までの項で議論をしているので、「1 次近似を考える」などといいます。

　特に $r \times n = 1$ の場合を考えると、$r = \dfrac{1}{n}$ となるので、

$$(1 + r)^n = \left(1 + \dfrac{1}{n}\right)^n$$

になります。この式において n がどんどん大きくなる（$r = \dfrac{1}{n}$ が小さくなる）と、一定の値

　　　$e = 2.718281828459045\cdots$

に近づいていくことが知られており、これは数学において重要な定数です（「自然対数の底」あるいは「ネイピア数」と呼ばれます）。

　この定数を用いると、先ほどの「70 の法則」は次のように説明することができます。

　$i \times n = 70$ のとき、i ％複利で n 年経過したときの倍率 $\left(1 + \dfrac{i}{100}\right)^n$ は、$n = \dfrac{70}{i} = \dfrac{100}{i} \times 0.7$ に注意すると、i が小さいとき

$$\left(1 + \dfrac{i}{100}\right)^n = \left(1 + \dfrac{i}{100}\right)^{\frac{100}{i} \times 0.7} = \left\{\left(1 + \dfrac{i}{100}\right)^{\frac{100}{i}}\right\}^{0.7} \fallingdotseq e^{0.7}$$

（最後の $\fallingdotseq$ は、$\dfrac{i}{100} \times \dfrac{100}{i} = 1$ なので { } 内が e に近くなる）なので、$e^{0.7}$（$= 2.01375\cdots$）が 2 に近いことから 2 倍に近くなります。

分割払いをすると、どのくらいで返済は終わる？

年利5％で1万円借りると……

ここまでの話では、複利で借りたり預けたりしたお金がどのような金額になるかを学びました。

実際には、家を買うときなど大きな金額のお金を借りた場合、一度に返済するのではなく何回かに分けて返済していくのが普通です。

例えば、年利率5％で1万円を借り、翌年から毎年1,000円ずつ返していくとします。利子があるので、1万円÷1,000円＝10年で返しきる、というわけにはいきません。

ここでは、毎年返済後に残金に対して5％の利子がつく、という前提で考えてみましょう。

このとき、次のような関係が成り立ちます：

$$（n 年後の残金 － 1,000）× 1.05 ＝ n＋1 年後の残金$$

この等式をもとに、残金を計算していくと次のようになります。

年	0	1	2	3	4	5	6
残金（円）	10,000	9,450	8,873	8,266	7,629	6,961	6,259

年	7	8	9	10	11	12	13
残金（円）	5,522	4,748	3,935	3,082	2,186	1,246	258

この表から、13年後に残った258円を14年後に返済することで、14年で完全に返済が終わることが分かります。13年間で1,000円ずつ返済していますから、返済額の合計は

$$1,000 × 13 ＋ 258 ＝ 13,258 円$$

となり、借りた1万円と比べると3割程度多くなっています。

借金返済までの期間の概算方法

返済が終わるまでの期間を概算するにはどうすればよいでしょうか。

残金の表をそのまま見ていても分かりやすい規則は見つかりませんが、残金を 21,000 円（= M とおきます）から引いた金額を計算してみると、次のようになります（この 21,000 円という数字がどこから出てきたかは、下で解説します）。

年	0	1	2	3	4	5	6
M − 残金	11,000	11,550	12,128	12,734	13,371	14,039	14,741
前年との比		1.05	1.05	1.05	1.05	1.05	1.05

年	7	8	9	10	11	12	13	14
M − 残金	15,478	16,252	17,065	17,918	18,814	19,754	20,742	21,779
前年との比	1.05	1.05	1.05	1.05	1.05	1.05	1.05	1.05

「M − 残金」が、毎年 1.05 倍になっていきます。

残金が 0 になるのはこの数値が M = 21,000 に等しい、または超えたときですから、0 年目の 11,000 に 1.05 を何回掛ければ 21,000 を超えるかを求めればよいことになります。これはすでに考えた近似計算（→ 89 ページ）で求めることができます。

今の例では 21,000 ÷ 11,000 は約 2 ですから、

「70 の法則」により、70 ÷ 5 = 14 で約 14 年となり、先ほどの計算結果と一致します。

この M = 21,000 円はどのようにして求めたのでしょうか。

実はこれは、「返済額と利率が変わらないとき、1 年後の残金が元と変わらない金額」です。最初に借りた金額が 21,000 円であれば、1 年後に

$$(21,000 - 1,000) \times 1.05 = 21,000$$

となって残金が全く変わりません（つまり、何年経っても返し終わりませ

ん）。したがってこの M は、

$$(M - 1{,}000) \times 1.05 = M$$

という方程式を解けば求まります。このとき、この式からもとの等式

$$(\boxed{n\text{ 年後の残金}} - 1{,}000) \times 1.05 = \boxed{n + 1\text{ 年後の残金}}$$

を引くと、

$$(M - \boxed{n\text{ 年後の残金}}) \times 1.05 = M - \boxed{n + 1\text{ 年後の残金}}$$

となり、「M −残金」が 1.05 倍ずつされていくことが分かります。

手順のまとめ

手順をまとめると次のようになります：

(a)（M −返済額）×（1 +利率）= M となる M を求める。

(b) M −借りた金額が複利で M になるまで何年かかるかを求める。

(c)（b）で求めた年数が返済にかかる年数になる。

計算例として、年利率 2％で 500 万円を借り、翌年から毎年 15 万円ずつ返す場合を考えてみましょう。この場合の M は、

$$(M - 15) \times 1.02 = M$$

より $M = 15 \times 1.02 \div 0.02 = 765$ 万円となり、765 − 500 = 265 万円が 765 万円になるには 2.9 倍、これをおよそ 3 倍と考えれば、90 ページの表より 110 ÷ 2 = 55 年と概算できます（実際には 54 年）。

少し複雑な計算でしたが、いかがだったでしょうか。実際に返済年数を自分で計算しなければならない機会はあまりないと思いますが、単純な割り算ではない、ということだけでも頭に入れておくとよいと思います。

第**4**章

ちょっと不思議な
組合せの話

★マットの敷き詰め
　　── どうやってもはみ出してしまう？

★たくさんの荷物、
　同じ重さに振り分けるには？

★地図を塗り分けるには何色必要？

マットの敷き詰め──どうやっても はみ出してしまう？

部屋の模様替えの数学

　気分を変えるために部屋の模様替えをしようとして、床に図のような 1 × 2 の長方形の形をしたマットを敷き詰めようと考えました。

　部屋の大きさを測ったところ、4 × 6 の長方形の形をしていますが、入り口などの関係で四隅のうち図で示された 2 つの隅にはマットを敷けないことが分かりました。

　さて、この形の部屋にマットを隙間なく敷き詰めることは可能でしょうか？

マット

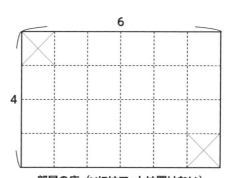

部屋の床（×にはマットは置けない）

　面積を考えると、4 × 6 − 2 = 22 と偶数ですから、面積 1 × 2 = 2 のマットはぴったり 11 枚敷き詰められそうです。

　しかし、実際に敷き詰め方を考えてみると、なかなか上手くいきません。なぜでしょうか？

　実は、どうやっても 11 枚のマットを使ってこの部屋を敷き詰めることはできません。

こうした「不可能であること」をきちんと証明するためには、色々やってもできなかった、というのでは不十分で、どうやってもできないということを説明しなければいけないため、何かしらアイデアが必要です。

そこで、部屋を次のように塗り分けてみましょう（このような塗り分けを市松模様といいます）。

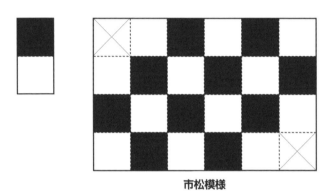

市松模様

長方形の部屋の場合、白と黒が同数になりますが、除く2マスが両方とも黒のため、黒が10マス、白が12マスとなります。

一方で、この部屋にどのように1×2の形のマットを置いても、必ず白と黒を1マスずつ覆うことになりますから、もし11枚のマットでちょうど敷き詰められたとすると、白と黒はともに11マスでなければなりません。

これは部屋全体の塗り分けと合っていませんから、実際にはどうやっても11枚のマットで敷き詰めることはできないことが証明されました。

┃6×6の正方形の部屋の場合

少し違った塗り分けが有効になる問題も紹介しておきます。今度は、6×6の正方形の部屋を、1×4の長方形の形をしたマットで敷き詰められるかを考えてみましょう。

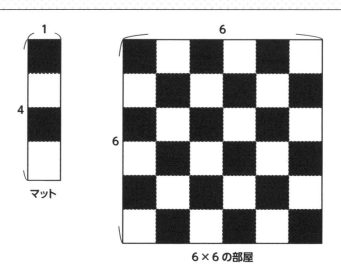

1

4

マット

6

6

6 × 6 の部屋

　面積を考えれば 6 × 6 ＝ 36 は 1 × 4 ＝ 4 のマット 9 枚分ですから先ほどと同様余りは出ません。

　市松模様で塗り分けると、6 × 6 の正方形は白と黒が 18 枚ずつ、1 × 4 の長方形はどのように置いても白と黒が 2 枚ずつですから、今度は白と黒の数についても辻褄が合っています。

　では敷き詰めが可能か…というと、実はこれも不可能です。今度は、図のように 4 色で塗り分けてみましょう。

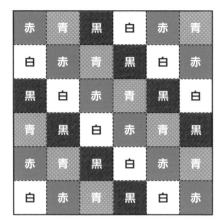

4色で塗り分け

　正方形の部屋は白と青が9マス、赤が10マス、黒が8マスとなります。一方1×4の長方形はどう置いても4色が1マスずつになりますから、4色が同数でないこの部屋は敷き詰められないことが分かります。

　不可能であることの証明、というのはなかなか難しいものですが、すべてのパターンを試してみなくても分かる、というのは数学の一つの威力を表しているようにも思えます。

　他の形の部屋やマットならどうなるかな？　など、ぜひ色々試してみてください。

たくさんの荷物、同じ重さに振り分けるには？

均等振り分けの便利な方法

買い物に行ってたくさんの物を買ったとしましょう。持ち運び用に２つの袋を用意していましたが、重いので荷物をなるべく均等な重さに分けて運びたいところです。こんなとき、どのように荷物を振り分けたらよいでしょうか？

例を考えてみましょう。全部で７個の荷物があり、重さがそれぞれ

    1kg 、 2kg 、 3kg 、 4kg 、 5kg 、 6kg 、 7kg

であったとします。手元に紙とペンがあれば、まず重さの合計を計算すると、

$$1 + 2 + 3 + 4 + 5 + 6 + 7 = 28kg$$

ですから、片方の重さを $28 \div 2 = 14kg$ にすればよく、例えば、

    （1kg 、 6kg 、 7kg）と（2kg 、 3kg 、 4kg 、 5kg）

という組合せにすればよいことが分かります（他の組合せもあります）が、いちいち計算するのは面倒ですし、そもそもそれぞれの荷物の重さを量るというのも現実的ではありません。

そこで、重さを計算しなくても、なるべく均等な重さになるような方法を考えましょう。実は今回の状況だと、次のようなシンプルな方法で均等な振り分けが実現できます。

> 荷物を重い順に並べ、重い方から順番に袋に入れていく。
> ただし、入れる時点で軽い方の袋に入れることにする。

実際に入れていく様子を表にすると次のようになります。

袋1（合計重さ）	袋2（合計重さ）	まだ入れていない荷物
7（7kg）	なし（0kg）	6、5、4、3、2、1
7（7kg）	6（6kg）	5、4、3、2、1
7（7kg）	6、5（11kg）	4、3、2、1
7、4（11kg）	6、5（11kg）	3、2、1
7、4、3（14kg）	6、5（11kg）	2、1
7、4、3（14kg）	6、5、2（13kg）	1
7、4、3（14kg）	6、5、2、1（14kg）	なし

　先ほどの分け方とは異なりますが、無事に2つの袋が同じ重さになりました。この方法であれば、重い順さえ分かれば、その時点で軽いほうに新しい荷物を入れていくだけですから、あまり深く考えることなく振り分けることができそうですね。

振り分け法が上手くいく理由

　では、なぜこの方法で上手くいくのかを考えてみましょう。少し一般的に考え、7kg、6kg、……、1kgの荷物がそれぞれ複数個ある場合を考えます。「ある荷物を入れたときに、2つの袋の重さの差がどうなっているか」に着目してみます。

　初期状態では当然差は0kgです。一番重い7kgの荷物を入れたとき、差は7kgになっています。7kgの荷物が偶数個あれば、軽いほうに入れれば差はゼロにできますから、いずれにせよ、

　7kgの荷物を入れ終わると、差は7kg以下になっている

ことが分かります。

　次に6kgの荷物を入れるときを考えると、差が小さくなるように入れるわけですから、もともとの差が7kg以下であることから、少なくとも差が6kgより大きくなってしまうことはありません（もともと差がゼロ

の場合は、6kg ちょうどになってしまう可能性はあります）。つまり、

　　6kg の荷物を入れ終わると、差は 6kg 以下になっている

ことが分かります。

　これを繰り返すと、「5kg の荷物を入れ終わると、差は 5kg 以下」「4kg
の荷物を入れ終わると、差は 4kg 以下」ということが順々に分かってい
き、最後に 1kg の荷物を入れ終わると、差は 1kg 以下になっていること
が分かります。
　合計の重さによっては、先ほどの例のようにぴたりと同じ重さになると
は限りませんが、少なくとも誤差 1kg で振り分けられる、ということが
これで分かったことになります。

▌どんな荷物の組合せでも OK

「○ kg の荷物を入れ終わったとき……」というのを順々に考えていくの
がポイントですが、実は同じ考え方で、どんな荷物の組合せであっても、

> 重い順に並べたときに隣どうしの重さが 2 倍より大きく離れてい
> なければ、最終的な差は最も軽い荷物の重さ以下にできる

ということを説明することができます。ぜひ確かめてみてください。
　なお、上の条件が満たされていない場合には、うまく振り分けができな
いこともあります。
　例えば、荷物が、
　10kg 、 9kg 、 6kg 、 6kg 、 6kg 、 1kg
　の場合には、上の方法を使って振り分けをすると、
　（10kg 、 6kg 、 1kg）と（9kg 、 6kg 、 6kg）
　となって 21-17 ＝ 4kg の差が生まれてしまいますが、計算して振り分

けると、

（10kg 、 9kg）と（6kg 、 6kg 、 6kg 、 1kg）

という組合せを見つけることができます。

地図を塗り分けるには何色必要？

必ずできる塗り分け

　世界地図や都道府県の地図などを見ると、国や市町村などによって異なる色が塗られて境目が分かりやすくなっているのが見て取れます。

　このとき、境界を接していないような地区には同じ色を使っても紛らわしくないので、そうして使う色を節約することを考えてみましょう。

　例えば、次の地図は何色で塗り分けることができるでしょうか？

　境界を接している地区は異なる色で塗ることにして、考えてみてください（実際に塗らなくても、各地区に番号を振ってみれば何色使ったかが分かりますね）。

　なお、1点でのみ接しているような地区は同じ色で塗ってもよいものとします。

 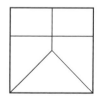 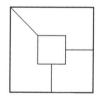

　いかがでしょうか。最も少ない色数だと、順に2色、3色、4色で塗り分けることができます。

　1つ目の地図は2色で塗ることが分かっていれば、隣り合った地区を異なる色で塗ることに注意していけば必ず上手く塗り分けられます。

　実は、この地図のように、境界がすべて直線（2つ目の地図にあるよう

に、途中で止まっているような「線分」は除外します）でできている場合は必ず2色で塗り分けることができます。意欲のある方はその理由を考えてみてください。

2つ目の地図には互いに境界を接する3つの地区が、3つ目の地図には互いに境界を接する4つの地区がありますから、それぞれ最低でも3色と4色が必要で、実際その色数で塗り分けることができます。

色の数が最小の塗り分けの例

四色定理

では、もっと色数が必要な地図はあるのでしょうか？　この問題は19世紀に提起され、100年以上未解決のままでしたが、1976年に「どんな地図でも4色あれば塗り分けられる」ということが証明されました（**四色定理**と呼ばれています）。

この定理は、主張は理解しやすい一方で証明は複雑で、最終的にはコンピュータを用いた場合分けがどうしても必要になったという点で有名です。

当時は、人手による確認が事実上不可能な証明の確実さを疑問視する人もいたようです。

さて、普通地図といえば長方形などの平面上のものを思い浮かべますが、地球全体を塗り分けるといった場合のように、球面上の地図だとどうなるのでしょうか。実はこれも4色で十分だということが分かっています。

4色で塗り分けられない地図

では、次の地図はどうでしょう。

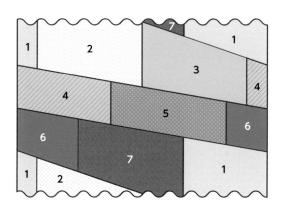

　上の地図は少し変わっていて、地図の上と下、左と右がつながっています。上の方にずっと行って、波線に到達すると、下端の波線から出てくると考えてください。

　1と書かれた領域が4つあるように見えますが、この地図においてはすべてひとつながりの領域になっています。昔のロールプレイングゲームに親しんでいる方は、こんな地図に出合ったことがあるかもしれません。

　実はこの地図を塗り分けるには、7つもの色が必要です。なぜなら、番号で示した1〜7の領域は、すべて互いに隣り合っているからです。

　あれ、先ほど言ったことと違う？　と思った方もいるかもしれませんが、この地図の形は球面ではありません。上と下、左と右がつながっていることに意識して立体の形を復元してみると…

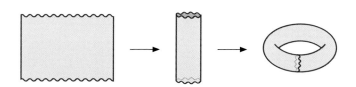

　こんな穴の開いたドーナツ状の形になっていることが分かります。

　現実にはこんな星はないかもしれませんが、仮にこんな星に住んでいたとしたら、自分の星を宇宙から眺めてみなくても、世界地図を作った結果4色で塗り分けることが不可能であれば、外から見ると穴が開いた星であることが証明できてしまうわけです。

　世界地図や星の形というと少し大それた感じがしますが、塗り絵で隣どうしを異なる色にするために4色用意すれば必ず足りる、ということを知っておくだけでも、少しだけ得した気分になるかもしれません。

　なお、最近では塗り絵がスマートフォンなどで楽しめるアプリもあるようです。これも、必要な色を絵柄ごとに求めなくても、4色用意しておけば必ず答えがある、という点で四色定理を上手く活用した例になっていますね。

第4章

第5章

とっても便利な
基本計算の話

★速算テクニック
　── 足し算・引き算編

★速算テクニック
　── 掛け算編：130 円のお茶を
　12 本買ったらいくら？

★ 500W のレンジで 2 分半のとき、
　600W のレンジではどうすればいい？

★計算の間違いを簡単に見つけよう！
　── 検算の話

★来年の今日は何曜日？

速算テクニック──足し算・引き算編

すぐに役立つ足し算と引き算の方法

　読者のみなさんは、計算は得意でしょうか？　電卓機能付きの携帯電話をほとんどの人が持つようになって久しいですが、それでもちょっとした計算を頭の中でできると便利なことはあるでしょう。

　暗算、というと何か特別な能力のように思われるかもしれませんが、計算方法を知っていれば、案外簡単に使うことができるものもあります。まずは、足し算や引き算を例にとってみましょう。

1,000 や 10,000 から引く

　お釣りの計算でよく、1,000 や 10,000 から細かい数字を引き算する場面が出てきます。繰り下がりが多くて厄介……と思ったことがあるかもしれません。こういった計算は、

　　各桁を9から引いて、一の位にだけ後で1を足す

という方法で行うことができます。例えば、

　　　　1,000 − 731

であれば、7、3、1をそれぞれ9から引いて2、6、8ですから、一の位の8にだけ1を足して、

　　　　1,000 − 731 = 269

と求めることができます。

　これは、1,000 = 999 + 1 と考えて、

$$1,000 - 731$$
$$= (999 + 1) - 731$$
$$= (999 - 731) + 1$$

$$= 268 + 1$$
$$= 269$$

と計算していることに相当します。少し大げさな変形ですが、この後で紹介する計算テクニックも基本的には、このような式変形がもとになっています。

10,000 から引く場合であれば、もちろん 10,000 = 9,999 + 1 と変形すればよいわけですね。最後に 1 を足すのを忘れないようにしましょう。

下の練習で感覚をつかんでみましょう。答は 115 ページにあります。

練習

(1) 1,000 − 243　　**(2)** 10,000 − 8,267　　**(3)** 5,000 − 287

(4) 10,001 − 2,356（10,001 = 9,999 + 2 と変形してみましょう！）

さて、買い物や外食などで支払いをするとき、お釣りの小銭がなるべく少なくなるようにしたい人もいると思います。せっかく上の計算で 1,000 円や 10,000 円を支払ったときのお釣りが素早く計算できるのですから、お釣りが少なくなるような支払い方についても考えてみましょう。

例えば、467 円を支払いたいときに、千円札と小銭をいくらか持っていたとします。仮に千円札のみで支払うとお釣りは、

$$1,000 − 467 = 533 円$$

になります。これを頭に置いておいて、追加で小銭を支払うことでこの 533 円がより枚数の少ないお釣りに変わらないかどうかを考えればよいのです。

いま、一の位が 3 になっているので、あと 2 円足せば 5 円になって枚数が減ります。

$$(1,000 + 2) − 467 = 535$$

ということですね。仮にさらに五円玉を持っていれば、

$$(1,000 + 5 + 2) − 467 = 540$$

となって一円単位のお釣りをなくすことができます（この場合は、五円玉が減って十円玉が増えるので、合計枚数は変わっていませんが）。

または、五円玉を持っていなくても、十円玉を2枚持っていれば、535円のお釣りの十の位の30円の部分が50円になってさらに枚数が減ることが分かるかと思います。

$$(1,000 + 20 + 2) - 467 = 555$$

というところを見越して、千円札と十円玉2枚、一円玉2枚をさっと出すとスマートに思われるかもしれませんね。

切りのよい数より少し小さい数を足す

　今度は足し算です。

$$988 + 378$$

という計算をするとき、そのまま繰り上がりの計算をするよりも、988に12を足すと1,000になることを利用して、

$$988 + 378$$
$$= (1,000 - 12) + 378$$
$$= 1,000 + 378 - 12$$
$$= 1,366$$

と計算したほうが簡単なことがあります。式は複雑に見えるかもしれませんが、繰り上がりの計算がない分、かえって間違いが少なくなることが経験上多いです。

練習

(5) $998 + 356$　　(6) $9,988 + 8,657$　　(7) $9,992 + 996$

(8) $2,996 + 3,478$

近い数をたくさん足す

　似たような数をたくさん足す場合、基準となる数を用意しておいて、そこからの差を考えると簡単になることがあります。

$$62 + 57 + 64 + 56 + 61 + 63 + 59 + 65$$

をそのまま計算するのはなかなか骨が折れますが、足している数8個がすべて60に近いことを利用すると、まず60との差（プラスマイナスに注意する必要があります）だけを計算して、

$$2 + (-3) + 4 + (-4) + 1 + 3 + (-1) + 5 = 7$$

としておいて、後から $60 \times 8 = 480$ を足せば、

$$480 + 7 = 487$$

と比較的簡単に計算できることがあります。使える場面は限られますが、結構速くなるのでぜひ試してみてください。

(練習)

(9) $79 + 83 + 82 + 84 + 77 + 82 + 79$

(10) $598 + 611 + 604 + 590 + 596$

　いかがでしょうか。次ページでは、掛け算のテクニックを紹介していきます。

(練習の解答)

(1) 757	(2) 1,733	(3) 4,713	(4) 7,645
(5) 1,354	(6) 18,645	(7) 1,0988	(8) 6,474
(9) 566	(10) 2,999		

速算テクニック──掛け算編：130円のお茶を12本買ったらいくら？

掛け算のテクニック

ここでは、掛け算にまつわるちょっとしたテクニックをいくつか紹介します。日常生活の中でもスーパーなどで「○%引き」などの表示をよく見かけると思います。その時に瞬時に結局お値段はいくらなのかが分かるととっても便利です。

5の倍数を掛ける

5を掛ける計算は、

$$□ × 5 = □ ÷ 2 × 10$$

と考えて、「2で割ってから末尾に0をつける」という計算で行うことができます。例えば、

$$1,234 × 5$$

の場合は、1,234を2で割って（これは5倍するよりは簡単に行うことができるはずです）617ですから、答は0をつけた6,170となります。

5を掛ける計算だけでなく、5の倍数を掛ける計算も同じように考えることができます。例えば、

$$5,432 × 15 = 5,432 × 5 × 3$$
$$= 5,432 ÷ 2 × 10 × 3$$
$$= 27,160 × 3$$
$$= 81,480$$

といった具合です。

さらに、25を掛ける場合は、25 = 5 × 5ですから、

$$412 × 25 = 412 × 5 × 5$$

$$= 412 \div 2 \div 2 \times 10 \times 10$$
$$= 412 \div 4 \times 100$$
$$= 10,300$$

といった具合に、4で割ってから100倍、つまり0を2個つければよいことが分かります。

日常生活では、例えば「25%引き」といった表示を見たときに、「25%は× 25 ÷ 100、つまり÷ 4だから、元の値段を4で割ったものが値引き額だな」なんてことが分かります。

なお、4で割るのが大変であれば、2で2回割る、と覚えておいてもOKです。

いくつか練習問題を載せておきますので、考えてみてください。答は119ページにあります。

練習

(1) 564 × 5　**(2)** 462 × 15　**(3)** 288 × 25
(4) 580円の25%引き

2乗の計算

次に、2乗の計算、つまり同じ数を2回掛けるときの計算方法を紹介します。

そのうち、一の位が5であるような2桁の数の2乗はかなり簡単に計算することができます。

「□5」の形の数の2乗は次のようになります。

□×（□＋1）を計算し、末尾に25をつける。

例えば、35^2（= 35 × 35）であれば、3 × 4 = 12なので、25をつけて 35^2 = 1,225となります。

117

一の位が 5 でない場合は、少し複雑になりますが、「□△」の 2 乗は次のように計算できます。

①一の位から△^{2}、百の位から□^{2}を書く。
②十の位から 2 × □ × △を書く。
③①と②を足す。

　例えば、62^2 であれば、$6^2 = 36$ を百の位に、$2^2 = 4$ を一の位に置いて 3,604 とし、そこに 2 × 6 × 2 = 24 を十の位から足せば 3,844 と求まります。

```
        6 2
    ×   6 2
    3 6 0 4
      2 4
    3 8 4 4
```

　こちらは、暗算で行うには少し大変かもしれませんね。

練習
(5) 65 × 65　(6) 85 × 85　(7) 41 × 41

十の位が 1 の数を 2 つ掛ける

　最後に、十の位が 1 の数（11～19）を 2 つ掛ける方法を紹介します。
「1□ × 1△」の計算は次のようにします。

①1□ + △を十の位から書く。
②□ × △を一の位から書く。
③①と②を足す。

例えば、17 × 18 であれば、(1) 17 + 8 = 25、(2) 7 × 8 = 56 ですから、25 を一桁ずらして足せば 17 × 18 = 306 と計算できます。

$$
\begin{array}{r}
1\ 7 \\
\times\ 1\ 8 \\
\hline
2\ 5 \\
5\ 6 \\
\hline
3\ 0\ 6
\end{array}
$$

上の例でいうと「25」と「56」という2つの数字を覚えておく必要はありますが、ずらして足す分繰り上がりもあまり起きないので、慣れれば暗算でもできるようになると思います。

冒頭の問題「130円のお茶を12本買ったらいくら？」も、この方法なら①13 + 2 = 15、②3 × 2 = 6より13 × 12 = 156なので、130 × 12 = 1,560 円と答えを出すことができます。

（練 習）

(8) 14 × 12　(9) 18 × 16

(10) 135 × 135（「一の位が5の数の2乗」を思い出しましょう！）

いかがだったでしょうか。いずれも、使える場面は限られていますが、ふと計算が必要になったときにこれらの方法で素早く計算できることがあると、計算が得意になったような気分になれるかもしれません。

（練習の解答）

(1) 2,820　　(2) 2,310 × 3 = 6,930　　(3) 7,200

(4) 580 × 0.25 = 580 ÷ 4 = 145 より、580 − 145 = 435 円

(5) 4,225　　(6) 7,225　　(7) 1,681　　(8) 168　　(9) 288

(10) 13 × 14 = 182 より、18,225

500Wのレンジで2分半のとき、600Wのレンジではどうすればいい？——比の話

このお弁当は何分温めればよい？

　コンビニエンスストアでお弁当や冷凍食品を買うと、電子レンジでの加熱時間の目安が記載されていることが多くなりました。例えば、あるお弁当に

　　500Wで2分30秒

と書かれていたとしましょう。

　一方で、家にあるレンジのワット（W）数はさまざまです。最近ではワット数が選べるタイプもありますが、ここでは家にあるレンジが600Wのみで加熱できるとしましょう。

　では、このお弁当は何分温めればよいのでしょうか。

　ワット（W）は、「1秒間あたりに与えられるエネルギー」を表す単位です。上記の例では、2分30秒＝150秒ですから、お弁当には

　　$500 \times 150 = 75{,}000$

のエネルギー（単位はJ：ジュールが用いられます）が与えられて温められている計算になります。

　同じエネルギーを600Wでx秒かけて与えるとすれば、

　　$600 \times x = 75{,}000$

なので、

　　$x = 75{,}000 \div 600 = 125$秒、

つまり2分05秒かければよい、という計算をすることができます。

　かける時間の比を見ると、

　　（500Wのときの時間）：（600Wのときの時間）＝6：5

となっていますから、「ワット数と加熱時間は反比例の関係にある」ということができます。

・500W の時間を 600W に直すには、$\frac{5}{6}$ 倍、

・500W の時間を 700W に直すには、$\frac{5}{7}$ 倍、

・500W の時間を 1000W に直すには、$\frac{5}{10} = \frac{1}{2}$ 倍つまり半分

にすれば良いということになります。

　1000W の場合は半分にすればよいので比較的簡単ですが、600W や 700W の場合は分数の計算をしなければならないので少し大変です。そこで、次のような概算を覚えておくと便利かもしれません。

　　500W → 600W の場合、$\frac{5}{6}$ 倍にすると 1 分 = 60 秒が 50 秒になる、つまり 1 分につき 10 秒縮めればよい。冒頭の例の 2 分 30 秒なら、20 秒から 30 秒縮めて 2 分から 2 分 10 秒にセットすればよい。

　　500W → 700W の場合、$\frac{5}{7}$ 倍にすると 1 分 10 秒 = 70 秒が 50 秒になる、つまり 1 分 10 秒につき 20 秒縮めればよい。だいたい 1 分強につき 20 秒と考えておいて、冒頭の例の 2 分 30 秒なら、20 × 2 = 40 秒程度縮めて 1 分 50 秒にセットすればよい。

第5章

　比や分数の計算は他にも色々なところに現れます。例えば、料理をしていて 4 人分の材料の量が載っていたとしましょう。

　この料理を 5 人分で作る場合は、今度は比例関係

　　　　4 人分の場合の材料の量：5 人分の場合の材料の量＝ 4：5

となりますから、4 人分の材料の量を $\frac{5}{4}$ 倍すればよいわけです。

　この場合も、「$\frac{5}{4}$ 倍するためには 40g につき 10g 増やせばよい」、というように考えておくと、4 人分が 150g であれば 150 ÷ 40 はだいたい 4 なので 40g 増やして 190g にする、といった概算をすることができます。

　もちろん、概算でなくより正確な数値を求めたほうがよい場面もありますので、状況に応じて使い分けるといいでしょう。

3人でちょうど分けられる？ ——倍数の話

割り算をしなくても割り切れる数字の見分け方

いくつかの物を何人かで等分することを考えます。87個のりんごを3人で分けたら、ちょうど同じ個数ずつになるでしょうか？

というとなかなか現実にはなさそうですが、3人の会計が870円だったとき、1人あたりの金額は余りが出ずに計算できるでしょうか？ という疑問にすぐに答えられると役に立つことがあるかもしれません。

いくつかの数で割り切れるかどうかは、実際に割り算をしなくても簡単に求めることができます。

2の倍数、5の倍数

これはご存知の方が多いかもしれません。ある数が**2の倍数**かどうかは、**下一桁が2の倍数、つまり0、2、4、6、8であるかどうか**で見分けることができます。

同様に、**5の倍数になるのは、下一桁が5の倍数、つまり0か5である**ときです。

このことは、十の位以上を全て10個ずつの「かたまり」であると捉えて、10個のものは余りなく2個ずつ（あるいは5個ずつ）に分けられますから、一の位の部分だけを考えれば割り切れるかどうかが分かる、と納得することができます。

4 の倍数、25 の倍数

　左ページの考え方を応用すると、4 の倍数や 25 の倍数も判別することができます。

　10 は 4 や 25 では割り切れませんが、100 ＝ 4 × 25 ですから、100以上の位は 4 個ずつ（あるいは 25 個ずつ）のかたまりに分けることができるのです。

　つまり、ある数が **4 の倍数**かどうかは、**下二桁が 4 の倍数であるかどう**かで見分けることができます。

　二桁ぶん見なければいけないので、2 の倍数のときほど簡単ではありませんが、**4 の倍数**は、

　　十の位が奇数　→　一の位が 2 か 6 （32、56 など）
　　十の位が偶数　→　一の位が 0 か 4 か 8 （48、64 など）

のときである、と思うと比較的簡単に見分けがつきます。

　また、**25 の倍数は、下二桁が 25 の倍数のときで、これは 00，25，50，75 のみ**です。

　同様に考えて、下三桁を見ると何の倍数が分かるかな……？　などと考えてみると面白いかもしれません。

3 の倍数、9 の倍数

　3 の倍数について考えてみましょう。10 や 100、1000、…といった数は 3 で割り切れませんから、これまでと同じ方法は使えませんが、これらの数から 1 だけ引いた

　　　　9、99、999、…

は、3 で割り切れることに注目してみましょう。

$$10 = 9 + 1、$$
$$100 = 99 + 1、$$
$$1000 = 999 + 1、$$
$$\vdots$$
$$\vdots$$

ですから、10、100、1000、…から3の倍数を取り除いていくと1個余ります。

　すると例えば 2358 という数は、

　　1000 が2個、100 が3個、10 が5個、1が8個

あるわけですから、上のように3の倍数を取り除くと、

　　1が2個、1が3個、1が5個、1が8個

残ります。つまり合計 2 + 3 + 5 + 8 = 18 となり、これは3の倍数ですから、もとの数 2358 も3の倍数であることが分かります。

　つまり、3の倍数かどうかを見分けるためには、

一の位、十の位、…の数字を全て合計した数が3で割り切れるかどうか

を調べればよいことが分かりました。

　なお、9、99、999、…は9でも割り切れますから、この判定方法は9の倍数かどうかを調べる際にも全く同じように用いることができます。

▌11 の倍数

　最後に、使用する機会は少ないかもしれませんが、3の倍数と似た考え方を用いて分かる 11 の倍数の判定方法を紹介しておきます。ある数が11 の倍数かどうかは、

一の位、十の位、…の数字を交互に足し引きした結果が 11 で割り切れるかどうか

を調べれば判定できます。

例えば、24,816 という数であれば、

$$6 - 1 + 8 - 4 + 2 = 11$$

は 11 で割り切れるので、11 の倍数であることが分かるというわけです（実際、24,816 = 11 × 2,256 です）。

3の倍数の場合と似たような考え方で理由を説明することができるので、興味があればぜひチャレンジしてみてください。

計算の間違いを簡単に見つけよう！ ──検算の話

計算間違いを防ぐさまざまなチェック方法

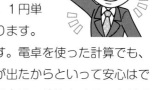

　計算をするとき、だいたいの数値が分かればいい場合も多いですが、お金の計算をする場合など、１円単位まできっちり合わないといけない場合もあります。

　しかし、手計算では計算間違いが付き物です。電卓を使った計算でも、キーを押し間違ってしまうこともあり、答えが出たからといって安心はできません。そこで、間違いを起こしたくない場合は、検算をすることが重要となります。

　検算といっても色々な方法があります。同じ計算を複数回行うことも１つの手ですが、同じ計算をすると大抵同じ間違いをしてしまい、間違いを発見するのは難しいものです。ここでは、少し違ったアプローチによる検算をいくつか紹介します。

逆から計算する

　足し算の逆は引き算、掛け算の逆は割り算なので、答えから逆算する方法です。電卓を使う場合などに有効でしょう。

　例えば、

$$3456 + 9876 = 13332$$

という計算が正しいかどうかを確認するためには、答えから逆に引き算して、

$$13332 - 9876$$

を計算します。答えが 3456 になれば、もとの計算も正しいということになります。

　掛け算の場合は、

$$123 \times 54 = 6642$$
が正しいかどうかを確認するために、答えから割り算して、
$$6642 \div 54$$
を計算します。答えが 123 になれば正しいことが確認できます。

一の位を計算する

一の位だけを計算して、答えの一の位と合っているかを確かめます。
例えば、
$$324 + 516 + 741 - 185 = 1397$$
という計算があったとします。一の位だけを計算すると、
$$4 + 6 + 1 - 5 = 6$$
となり、答えの 7 と合いません。これより、この計算が間違っていることが分かります（正しい答えは 1396）。

この方法は簡単に実行できますが、一の位の誤り以外は発見できないという欠点があります。

九去法

一の位を用いた計算と似ていますが、どの桁の誤りも発見できるのが「九去法」と呼ばれる方法です。方法は次のとおりです。

(a) 計算するそれぞれの数と答えの各桁を足す。途中で 9 以上になったら、9 を引いて 9 未満にする。

(b) (a) の結果を計算し、必要なら同様に 9 を引いて 9 未満とし、それが答えと合うかを確かめる。

例えば、
$$2587 + 6756 = 9243$$
という計算を検算するには、

・2 ＋ 5 ＋ 8 ＋ 7 ＝ 22 から 9 を 2 回引いて 4。
・6 ＋ 7 ＋ 5 ＋ 6 ＝ 24 から 9 を 2 回引いて 6。
・4 ＋ 6 ＝ 10 から 9 を引いて 1。
・9 ＋ 2 ＋ 4 ＋ 3 ＝ 18 から 9 を 2 回引いて 0。
・1 と 0 は異なるので、この計算には誤りがある。

という具合になります（正しい答えは 9343）。

　この方法は、実はそれぞれの数を 9 で割った余りを計算していることに
なります。例えば、

$$2{,}587 = 2 \times 1000 + 5 \times 100 + 8 \times 10 + 7$$
$$= 2 \times (999 + 1) + 5 \times (99 + 1) + 8 \times (9 + 1) + 7$$
$$= \underline{2 \times 999 + 5 \times 99 + 8 \times 9} + (2 + 5 + 8 + 7)$$

で、下線部は 9 の倍数ですから、2587 と 2 ＋ 5 ＋ 8 ＋ 7 を 9 で割っ
た余りは等しいことが分かります。
　先ほどの「一の位を見る」方法は、「一の位＝ 10 で割った余り」です
から、10 で割った余りを見ているのと同じことになります。
　今回は 10 の代わりに 9 で割った余りを確認することで誤りを発見して
いるということです。一の位の場合と異なり、どの桁で間違った場合も、
1 箇所であれば誤りが発見できるところがこの方法の優れた点です。
　なお、引き算や掛け算でも同様の手法が使えますが、割り算では使えな
い場合もあるので、割り算の検算をする場合には掛け算に直してから同じ
方法を使う必要があります。

来年の今日は何曜日？

手のひら曜日計算術

誕生日や記念日など、先の予定を立てたいとき、この日付は何曜日だろう？　と知りたいことがあります。もちろんカレンダーを見れば分かりますが、ちょっとしたコツを知っていると頭の中で計算することができます。

まずは、基準として今年の1月1日の曜日は覚えておきます。例えば2019年1月1日は火曜日、2021年1月1日は金曜日です。

次に、図のように、左手の指の関節に1から12までの番号を割り振っておきます。（左手にしているのは、右利きの人が普段あまり使わない方の手、という想定をしているだけなので、右手でも構いません）。

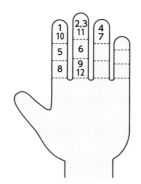

親指の先で1、2、3、…、12と順番に触れることを繰り返すと比較的簡単に覚えることができると思います。

ここで割り振った番号が、実はそれぞれ1月1日、2月1日、…、12月1日の曜日を表しています。覚えておいた1月1日の曜日から順に縦に割り振っていけば曜日が分かります。曜日の割り振りは年によって変わり

ますが、1〜12 の位置は変わらないので、一度覚えてしまえば一生（！）
使えるところがポイントです。

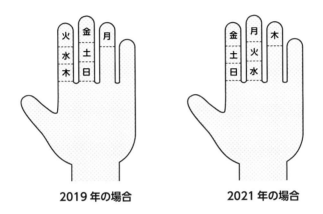

2019 年の場合　　　　**2021 年の場合**

　ここまでで月の初めの日の曜日が分かったので、あとは日付から曜日を
考えていきます。7 日足すと同じ曜日になる、ということに注意して、あ
とは指を使って数えていけば辿りつけます。

　例えば、2019 年 6 月 30 日の場合、6 月 1 日は土曜日で、曜日は 1 日
＝ 8 日＝ 15 日＝ 22 日＝ 29 日ですから、そこからさらに 1 日ずらして
日曜日と求まります。
　なお、うるう年の場合は 3 月以降の曜日がずれることを考慮する必要が
あるので、3 月以降の曜日を求めるときは、基準となる曜日を 1 つ後にず
らして考えるといった調整をしてやる必要があります。少し面倒ですね。

合同式

　ここで用いた「7 日足すと同じ曜日になる」という考え方は、数学では
「合同式」という概念で整理されます。これは、7 で割った余りが同じ数
を「合同」と呼んで記号≡で結ぶと、通常の等号＝と同じように扱って足
し算や掛け算ができるというものです。

例えば 31 を 7 で割った余りは 3 ですから 31 ≡ 3、これより 31 日後（31 を足す）と 3 日後（3 を足す）は同等に扱えるので、1 月 1 日から 2 月 1 日の曜日を求めるには 3 つずらせばよい、ということが分かるわけです（先ほどの覚え方でも、1 月から 2 月で 3 つずれていますね）。

実は、127 ページで紹介した九去法も、合同式の考え方で説明できます。ここでは 7 の代わりに 9 で割った余りで考えると、

$$10 ≡ 1、100 ≡ 1、1000 ≡ 1、…$$

（つまり、10、100、1000、…を 9 で割った余りは全て 1）なので、例えば、

$$2587 = 2 × 1000 + 5 × 100 + 8 × 10 + 7$$
$$≡ 2 × 1 + 5 × 1 + 8 × 1 + 7 = 22 ≡ 4、$$

同様に 6756 ≡ 6 + 7 + 5 + 6 = 24 ≡ 6 なので、

$$2587 + 6756 ≡ 4 + 6 = 10 ≡ 1$$

といった具合です（前の部分の計算と比べてみてください）。

「何月何日？ それなら何曜日ですね」

来年以降の曜日を求める方法も紹介しておきましょう。7 で割った余りを考えると 365 ≡ 1 なので、1 年後はちょうど曜日を 1 つ進めることに対応します。うるう年であれば 2 つ進めます。

例として、2024 年 3 月 31 日の曜日を求めてみましょう。2019 年から 2024 年は 5 年後で、間にうるう年の 2020 年があるので曜日を 5 + 1 = 6 個ずらし、2024 年もうるう年ですからさらに 1 個ずらします。

結果的に 1 月 1 日の基準は 2019 年の火曜日から 7 つずらしてやはり火曜日になります。4 月 1 日が月曜日の位置なので、3 月 31 日はその 1 日前、つまり日曜日と求まります。

今はスマートフォンなどですぐカレンダーが参照できますが、何も見ずに「何月何日？ それなら何曜日ですね」なんて言える、とちょっと驚かれるかもしれませんね。

「どうやったら数学が好きになれますか？」と聞かれることがあります。筆者自身は少々変わったことに物心ついたときからずっと好きだったので、自分の体験からこの質問に答えることはできません。ただ、広い数学の世界の中で少しでも面白いと感じる部分があれば、そこから興味を広げていくことはできると思います。

　本書で紹介したのは数学のもつ多彩な表情のほんの一部ですが、この考え方は面白いなあ、とかこの計算方法を今度使ってみようかな、とか感じる部分が少しでもあったなら、それはもう数学が好きになれたと言ってもいいのではないでしょうか。

　本書を読んでくださった方の数学に対する印象が少しでもよくなっていることを、心から願っています。

近藤宏樹

近藤宏樹（こんどう・ひろき）

1984 年、千葉県柏市に生まれる。開成高等学校、東京大学理学部数学科を卒業、同大学院数理科学研究科修士課程を修了後、保険会社でアクチュアリーとして勤務。教育研究職を経て、高等学校の数学教員になる。九州大学大学院数理学府博士後期課程単位取得退学。博士（数理学・九州大学）。日本アクチュアリー会正会員。
高校生の時に国際数学オリンピックに日本代表選手として３年連続で出場し、銅メダル２個、銀メダル１個を獲得。現在は数学オリンピック財団で理事及び国際数学オリンピック日本委員会副委員長を務める。高等学校での指導に加えて、トップレベル中高生向け学習塾での授業、大学での保険数学の講義、数学オリンピックに関する出張講座、社会人向けの数学講座等も行っている。監修に『数学ゴールデン１』（ヤングアニマルコミックス）がある。

なるほど！毎日の役立つ数学

2020 年 8 月 13 日　第 1 刷発行

著者	近藤宏樹（こんどうひろき）
発行者	古屋信吾
発行所	株式会社 さくら舎　http://www.sakurasha.com
	〒 102-0071　東京都千代田区富士見 1-2-11
	電話（営業）03-5211-6533
	電話（編集）03-5211-6480
	FAX 03-5211-6481　振替　00190-8-402060
装丁	アルビレオ
イラスト	スタジオ・キーストン（倉田知佳）
本文デザイン	株式会社新藤慶昌堂
印刷・製本	株式会社新藤慶昌堂

©2020 Kondo Hiroki Printed in Japan

ISBN978-4-86581-257-2

まめねこ〜まめねこ10発売中!!

1〜8 1000円(＋税)　　　　　9〜10 1100円（＋税）

定価は変更することがあります。

米村貴裕

小学生と親が楽しむ初めてのプログラミング
たった5時間でできます！

楽しく読んでばっちり理解！　パソコンの初歩
からプログラミングの基礎知識までカバー！
親も子も、これでプログラミングは怖くない！

1800円（＋税）